黔味儿，坐着高铁吃遍

吴茂钊 何花 著

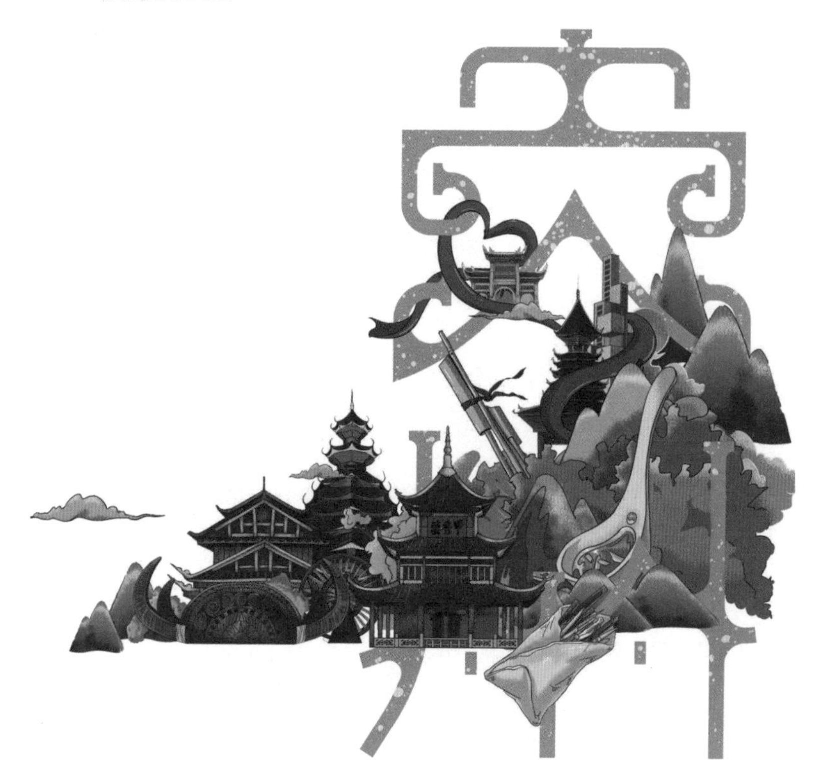

中国纺织出版社有限公司

内 容 提 要

江南千条水、云贵万重山，原汁原味的贵州美食与纵横交错的高铁串起贵州旅游新发展，让大厨作家带着您，吃游同步，品味人文。作者文笔清新，亦庄亦谐，字字暖心。本书以金黔大地纵横交错的贵州高铁线上的特色美食为线，串起美食与生活、旅游与记忆里的人情味。让我们跟着大厨的步伐，坐着高铁走进贵州，一路“黔”行，决胜小康。

图书在版编目（CIP）数据

黔味儿，坐着高铁吃遍贵州 / 吴茂钊，何花著. --北京：中国纺织出版社有限公司，2023.6
ISBN 978-7-5229-0666-9

Ⅰ.①黔… Ⅱ.①吴… ②何… Ⅲ.①饮食—文化—贵州 Ⅳ.①TS971.202.73

中国国家版本馆CIP数据核字（2023）第098483号

责任编辑：范红梅　　责任校对：高　涵　　责任印制：王艳丽

中国纺织出版社有限公司出版发行
地址：北京市朝阳区百子湾东里 A407 号楼　邮政编码：100124
销售电话：010—67004422　传真：010—87155801
http://www.c-textilep.com
中国纺织出版社天猫旗舰店
官方微博 http://weibo.com/2119887771
天津千鹤文化传播有限公司印刷　各地新华书店经销
2023 年 6 月第 1 版第 1 次印刷
开本：880×1230　1/32　印张：7
字数：132 千字　定价：48.00 元

推荐序一

在吴茂钊笔下品黔菜

/徐必常

徐必常

《贵州作家》副主编

吴茂钊是优秀的青年黔菜专家，也是一位优秀的青年作家。多年来他手上操持着两样家伙，一是锅碗瓢盆刀钗铲，一是稳健而生花的妙笔。吴茂钊是厨师出身，锅碗瓢盆刀钗铲再加上食材与火候，就把一道道黔菜做到了极致；一支稳健而生花的妙笔，为传播黔菜文化、讲好贵州黔菜故事，贡献了文学力量。那些关于吃的美文，让他在文学领域赢得了口碑。

我与吴茂钊的相识，缘于那一大堆申请加入贵州省作家协会的材料，当时我还不知道他是一位优秀的青年黔菜专家。作为一位编辑，我读到的写吃的文章着实不少，但很少能从文章中读出味道来，而吴茂钊写吃的文章却很有味道。后来我们就有了联系，才得知他是从厨师转战教育的。他这一转战，是下了很大决心的，类似于把金饭碗换成了瓷的。不过喜欢就好，喜欢最容易出成绩。

吴茂钊在学校一边忙着行政工作，一边承担着专业基础课教学，还承担了多个省级、厅级课题，领办了省级技能大师工作室，负责黔菜标准体系的编制。他做事思路清楚，条理清楚，即便在繁杂的工作中，也能挤出时间读书、写作、编撰和统筹。

我们在看到吴茂钊取得的成绩的同时，不妨回过头来看看他的奋斗。他是从农村走出来的孩子，走着走着，就走成一条汉子了。他多次谈到感恩贵州轻工职业技术学院给他提供的舞台，激励他勇挑大梁。这不，他就结合技能大师工作室，打造了黔味书屋，成立了黔菜发展协同创新中心。他挑起的这副担子极富思想性和远见，对推动大数据、大健康、大旅游和贵州农村产业革命十二大产业与贵州十大千亿级产业发展具有深远的意义。

吴茂钊二十年余年不离黔菜，横跨多个行业，出版了多种风格的图书。一如既往向前进的吴茂钊，眼下就给我们上了一道黔菜文化和文学大餐——《黔味儿，坐着高铁吃遍贵州》，这无疑是一席黔菜文化盛宴，让我大吃一惊。细细想来，虽是在意料之外，但也是在情理之中。

希望吴茂钊继续奋力前行，多出成果，给世人奉献更多的文化大餐。

徐必常

2023年3月

推荐序二 游走贵州，探秘黔菜

/田道华

田道华

《四川烹饪》总编辑

二十多年前，我同茂钊相识于还是郊区的成都外西罗家碾四川烹饪高等专科学校（今四川旅游学院），一见如故。那时他兼职于企业，我则从企业来到学校，话题较多，但交流内容已记不太清。后来我们一起在九寨沟国际大酒店、贵州饭店工作，再后来，我们又都从厨房转入专业媒体工作。

茂钊心系家乡，视黔菜发展为生命。我们的交流，都围绕着家乡和旅游线上的味道；我们的相会，大多在厨房，谈论着好吃和好吃的原理。因私因公记不得多少次走进茂钊的家乡贵州，正如茂钊书中的好吃贵州、老家味道、探秘黔菜和黔味书屋。我与茂钊相遇的情景历历在目，不只是美味，更多的是茂钊勤奋的身影和奋斗的场景。

茂钊的烹饪生活从不将就，理论伴随实践，不说技术精湛，起码分析实践和创新创造难以超越。茂钊的创作经历，百忙中虽有疏忽，但从不拖沓，总能在最后一刻交上满意的答卷。这得益于他从小在农村伙房的成长经历和工作后的高起步，以及一有闲暇就走村串寨、多次遍走贵州各地的经历，源源不断的素材装于脑中，信手拈来。不限文风，朴实有物，有温度，有高度，有深度，通俗易懂，令人总有身临其境之感，忍不住想跟随茂钊的脚步，探寻贵州，探秘黔菜。

黔菜味道，酸道、辣道、香道，道道精彩。

好吃贵州，好吃、吃好、好吃，好好吃。

老家味道，老味道，一辈子吃不腻。

探秘黔菜，黔菜探秘，步履不停。

田道华

2023年4月

作者序一
坐着高铁吃遍贵州
/吴茂钊

吴茂钊

我出生在改革开放之年，春风徐徐来。幼时看遍青山绿水，上学后才知道这里是祖国西南一隅的大娄山边。我幼年的玩具多是辣椒、花椒、茄子、黄瓜和板栗等各种各样的瓜果蔬菜，闹出不少笑话，也练就了好吃又好做的“坏习惯”，无所不能。

外公和舅舅、表哥们一家三代帮乡亲杀年猪，平时做农村酒席，我这“外人”插不上手干着急，但偷师的本领不错。我儿时就站在板凳上做黄玉米饭，特别是混合一点生米再蒸制的“金裹银”。我十二岁时二舅过生日，考验我一个人炒菜做酒席，稀里糊涂算是成功吧。后来我到四川烹专（今四川旅游学院）学烹饪，到西南大学学中文，再到贵州大学学食品加工，学习生涯整二十年。

然二十年，苦学技艺，遍访名师，交朋结友，刀墩面杖，挥汗火炉，继承创新，研发管理，涉足商协，走进媒体，转向教育，黔菜出山，献予旅局，迈向世界，挑起重担，力迈深山，促进产业，众志成城，大有可为，今逾四十，自认大厨，别人亦然。

行行出状元，要做就做最棒的，顶尖的。走遍贵州山山水水，遍寻美食。坐着高铁吃遍贵州，探秘黔菜合集，期盼您的尝试。

吴茂钊

2023年4月

作者序二

多彩贵州欢迎您

/何花

何花

阆山阆水特产多。我虽生长于乡村，但自幼好吃嘴，四川师范大学毕业后结识夫君，随他出川入黔。话说“嫁鸡随鸡，嫁狗随狗”，我与夫君走南闯北十余载，美味多多，幸福多多，还养大胖小子一个，乐乎！

先生大厨我小厨。在家我亦掌厨，只是难得下次厨。我工作于幼儿园，常与小朋友讲知识，说人生，规行为，养习性。我家大厨也顾问幼儿之食，皆大欢喜。

我陪同先生侃大山、交朋友，逛乡村山野，找寻食材追踪美味，在餐厅酒肆吃吃喝喝，也带原料酒水甚至带厨师与老板交流切磋，有意思。

走遍大地神州，“醉”美多彩贵州。何不坐着高铁来贵州一吃？

何花

2023年4月

酸
子

目录

第一篇 开启美食之行

1600多千米的贵州高铁线，已基本形成以贵阳为中心的布局，高铁线路分别有枢纽环线、沪昆高铁湘黔线、沪昆高铁贵昆线、兰广高铁成贵线、兰广高铁贵广线、渝贵铁路和贵南铁路。

无火锅，不贵州

说到火锅，人们会津津乐道地谈及在火热的夏天光着膀子吃的重庆毛肚火锅、近年来颇为火爆的四川鱼头火锅、北方的御寒圣品涮羊肉、堪称无所不吃的广东打边炉，或者异军突起以概念取胜的各种冷锅……殊不知，贵州火锅与它们相比，丝毫不遑多让。贵州形态多样的各种火锅质朴又粗犷，漫溢着的是乡间野趣。

过年，是儿时的我最盼望的高兴事，可以不上学、可以撒娇，最重要的是可以整天围着火炉吃吃吃。每次杀年猪，开膛的猪半边还被吊着，另半边被搁在案板上，杀猪师傅迅速地在猪后腿处找到“黄瓜条”，利落地取下那条精瘦的肉，切成几块，分给一直守着的孩子们。我们自行备好竹扦，去煤炉盖上烙烤、柴火烟上熏烤，或放入柴火炭灰中用白菜叶包烧。猪肉被我们或焦、或嫩、或半生不熟地吞进肚中，好多时候没来得及找到口感就吃没了，只能急着去守下一块肉。这时，大厨把正处于僵直期的猪肉切片，捡出瘦肉用糟辣椒混炒，撒上一把蒜苗，装入火锅，顿在炭火盆上；同时将肥肉、内脏和猪血，倒入在煤火炉上早已烧得咕噜翻腾的白开水中，一家老小、邻里乡亲们便就着一碗煳辣椒素蘸水或者辣椒酱蘸水开吃了，杀猪师傅也暂停工作，先吃上几口。主妇们通常吃得快些，还要赶着炼猪油、除油渣和腌腊肉、做血豆腐。接下来几天，家里最让人回味的美食就是白水煮菜配油渣了。

待我系统学习烹饪后才明白，这可是烧烤、烙锅、干锅、火锅一次性齐整了。工作后，我经常去贵州各民族地区走村串寨，在很多地方都发现了类似的吃法。尤其是黔东南北部侗区——每年各个侗寨的清明节比春节热闹，家家户户比赛似的炒菜、打粑粑，菜做好后挑到山上祭祖，之后随地搭个灶，支一口大铁锅，各家菜挨个往里倒，混合翻炒，变成一锅百味火锅，吃得差不多了还可以再加汤，变成汤煮火锅。这种最简单、家常的食物烹制方式，虽然没有太过精细的烹饪技巧，但胜在对自然物产最本真特质的巧用，便捷又不失口感。

贵州火锅类别繁多，可谓占据了黔味饮食文化的半壁河山。从类别上来看，贵州火锅兼有汤锅、干锅、烙锅等形态；口味上，也是清汤、酸汤和麻辣味并存。贵州占尽物产丰盈的优势，用药膳或香料调配出来的清汤别有风味；酸汤火锅的灵感汲取于酸汤鱼，尔后发展出了酸汤牛肉、酸笋鱼、酸辣烫火锅等类别，

已经扬名全国；麻辣火锅则多表现在香辣上，稍有青花椒之麻味，辣出了与重庆火锅不一样的风格，惯常混用遵义辣椒、花溪辣椒和大方皱皮椒，制成糍粑辣椒后作为火锅底料，加上配菜后演化出毛肚、辣子鸡、糟辣鱼等火锅品类。另外，还有不少不能归于以上类型但同样别具一格的特色火锅，比如黔东南的牛瘪羊瘪、腌汤火锅，黔南的臭酸、虾酸系列火锅，以及毕节和遵义的豆花火锅，爱之和恨之的人都不少。

贵州作为移民大省，不同时期从各地迁徙而来的移民也带来了不同的饮食文化，与本土食材和食俗融合后，让贵州的火锅种类变得更加精彩纷呈——酸汤鱼、乌江鱼、花溪鹅、青椒童子鸡、阳朗鸡、辣子鸡、老猪脚、鸡丝豆花、圆子连渣闹、油渣、一锅香、牛羊肉杂、牛背筋等，数不胜数。

贵州火锅，还有一个不得不提的特色——辣椒蘸水。蘸水这种滇黔地区的特色调味方式，讲求的是不同吃食配不同蘸碟，每样都是独一份的绝配。不论烙锅、干锅还是汤锅，大多是干、湿双蘸水上桌。从原料上划分，有素辣椒、油辣椒、辣椒酱、糟辣椒、烧青椒、水豆豉等典型蘸水；也能以菜色分类，配搭酸汤鱼、金钩挂玉牌、酸菜蹄髈、水城烙锅、恋爱豆腐果等名菜的特色蘸水也各有各的讲究，不能随便对付。例如，贵州代表菜之一的酸汤鱼，它的蘸水同时用了煮酸汤的熟青辣椒、擂成茸的擂椒、煳辣椒面，最后用豆腐乳增加其黏稠度，丰满酸汤蘸水的口感。另一个不得不提的蘸水：把切碎的野薄荷叶混入煳辣椒面、青花椒面、姜米、蒜米之中，把菜籽油、猪油和狗油混制而成的香油烧热，迅速浇到辣椒上，上桌时满屋飘香，让人垂涎欲滴。还有，号称“贵州第一蘸”的素辣椒蘸水，搭配金钩挂玉牌——清汤煮熟形似金钩的黄豆芽和切片如玉牌的白豆腐，原汤灌进不带丝毫油荤的素辣椒蘸水中，豆芽和豆腐既可分别呈现口味又有融合后的别样清香，蘸水煳香不压味，可谓三味合一。

到贵州，不吃火锅，那就枉来了。届时记得好好问问店家，吃的火锅该配什么辣椒蘸水，不然用错蘸碟，不仅食物风味全无，还被别人一眼瞧出您是外地游客！

酸藏香辣，有种美味在深山

说起“宫保鸡丁”，怕是无人不知，它是世界上最知名的中餐之一了，有人说它是鲁菜，有人说是川菜，但鲜少人知道，“宫保鸡”之名得自丁宝桢，他可是个贵州人，老家在今毕节市织金县。丁宝桢到四川做官，官至四川总督加宫保卫，因此把他最喜爱的鸡肉烹制方法命名为“宫保鸡丁”。

很少人把宫保鸡丁看成是贵州菜，一个重要原因是，“黔菜”特点并不突出。贵州味道是辣中带酸，又是野趣本真，这是贵州的深山造就的。但因为这个质朴的本色，让它在各个移民潮中博采众长，有了最鲜明的特征——融合。

贵州人怕不辣

有个流传甚广的俗语说“四川人不怕辣，湖南人辣不怕，贵州人怕不辣”。15世纪末，哥伦布的海船把南美洲的辣椒带到了欧洲，一百多年后，这种能散发出奇异气味的植物辗转到了中国。“四川太阳云南风，贵州落雨如过冬”，贵州气候潮湿，多阴雨，正需要辣椒的刚猛热烈。辣椒中含有的辣椒素，可以散寒除湿，也是缺油少盐时，最容易送饭入口的调料之一。黔辣之纯粹，表现在贵州栽培的辣椒品种和食用辣椒方法的不计其数，民间家常菜几乎无菜不辣，而且近乎餐餐都要用辣椒蘸水。

贵州虽然多高原山地，但土壤却恰好适宜辣椒生长，全省内北有虾子、南有关岭、中有花溪、西有毕节、东有天柱，皆为著名的辣椒产地。贵阳小河辣椒、遵义牛角椒、虾子朝天椒、绥阳小米辣、大方皱皮椒、乌当线椒、独山基场皱椒、毕节山辣椒、党武辣椒、大方鸡爪辣椒，等等，产地名椒，俯拾皆是。

再加上制辣方式的不同，加工成不同的“辣味”——糍粑辣椒、烧辣椒、擂辣椒、煳辣椒、油辣椒、糟辣椒、辣椒酱、泡辣椒、阴辣椒、面辣椒、鲊辣椒、香辣脆，等等，有的辣得令人张口咋舌，大汗淋漓；有的辣而香；有的香而不辣；有的辣得干香浓郁；有的辣得回味无穷……辣的口味也因此变得更加丰满。多少中国人舌尖上的乡愁是一瓶叫“老干妈”的辣椒酱，它就是贵州出品。

辣，虽然被列为“五味”之一，但其实并不算味觉，而是口腔的一种焦灼感。在祛湿御寒的手段变得越加现代多样的当下，吃辣更多的是一种口味的传承，爽快的辣味就似贵州人的性格，率真泼辣，风风火火。

三天不吃酸，走路打蹿蹿

其实，辣椒除了下饭，还能补充人体所必需的盐分，后者以钠离子和氯离子的形式维持着人体内的水分平衡。但黔地素不产盐，《续黔书》有载：“黔介滇蜀之中，独不产盐，惟仰给于蜀，来远而价昂。”在盐尚未惠及贵州的深山之前，除了辣椒，食物发酵出来的酸也能帮助减缓钠离子的流失。黔东南俗语“三天不吃酸，走路打蹿蹿[①]”倒是说明了一个深刻的道理。

贵州的酸是主角，不是醋的酸味，而是食物自然发酵出来的味道。贵州家家腌制酸菜，人人喜食。

盐酸菜为黔南苗族布依族自治州独山县特产。属青菜渍品，分为盐酸菜、冰糖盐酸菜、白糖盐酸菜三大类。以青菜为主料，加甜酒、大蒜、辣椒、冰糖等，采用民间传统工艺精制而成。可荤食、素食，也可作调味料烹饪菜肴。甜、酸、辣味俱有，开胃健脾助消化。

① 注：打蹿蹿，指走路打趔趄的意思。

泡菜是将新鲜原料（萝卜、胡萝卜、莲花白、甜椒等）洗净晾干投入加精盐、冰糖、少许白酒，在凉开水中密封，经自然发酵而成；腌菜的取料更为广泛，萝卜、胡萝卜、莲花白、青菜、白菜、茄子等都可作原料，经洗净、晾干或晒干、搓盐、再晾干装入坛中密封，反扣于装有水的土钵中而成。酸坛需置于干燥通风处，只要保管得好，经年不坏，越陈越香，随取随泡。直接食用、烹制菜肴均可。

酸汤鱼，算得上最广为人知的贵州美食。它的底汤多为红汤，以黔东南毛辣角（野生小西红柿）为基础原料，加入仔姜、大蒜、红辣椒、精盐及白酒，置于土坛子里，密封静置半个月，等待时间带来的味道转化。毛辣角酸的醇厚，酵出来的红汤能通透爽朗，不着荤腥地吃也不寡肠胃，再加上木姜子的特殊辣味，让人胃口大开。

除了红酸汤外，酸汤种类很多，以汤质亮度分为特级高酸汤、高酸汤、上酸汤、二酸汤、半清酸汤、浓酸汤、半浓酸汤等；以味道分有甜酸汤、咸酸汤、辣酸汤、麻辣酸汤、酸辣酸汤、甜咸酸汤等。

酸的味觉门槛很低，可能也正因此，酸汤鱼能行销全国。

野味和野趣

“野”味，一直是黔味道的点题之作。《水城厅志》记载，康熙三年，平西王吴三桂在率领云南十镇2.8万兵马，由归集入水城境，镇压水西彝族土司，官兵到达水西后粮草严重不足，官兵们取来屋顶瓦片和腌窖食物的瓷器土坛，架在火上用猎获的荤素野味野菜、土豆等烤烙充饥。不料这无奈之举竟使人们发明了烙锅这一独特的火锅吃法。

山中随处可取、一年四季可食用的折耳根，为很多菜品画龙点睛，凉拌、炒、炖、焖等多种技法都能出其美味，尤其是在蘸水中，丰富了辣椒蘸水的层次，让人欲罢不能。春夏鲜吃，一年四季水发干品的蕨菜；夏冬二季出产的鲜笋和常年水发的筒筒笋；数不清的山野菜、野山菌常年不断。

说贵州食物“野”，还在于它狂野——在网络上被评为“暗黑料理”的瘪，又被称为“侗香”，有牛瘪、羊瘪两种，当地人称“百草汤”，食之略苦，回甘又带有草香，是黔东南侗族同胞深爱的一种独特美味作料。平时说的牛瘪、羊瘪泛指干锅或汤锅的菜肴，除了侗族深爱，当地的苗族、瑶族、汉族等民族也受到影响，对瘪汤不再敬而远之。“瘪”早已作为黔菜的一大特色出现在酒店餐厅。

深居大山中的侗族、布依族、苗族、毛南族等嗜食各种虫

类，大多成了当地特产和宴宾必食的美肴。黔西南州望谟县、册亨县餐厅几乎桌桌必点虾爬虫，黔东南凯里市、台江县、黎平县等到处都在制作销售九香虫、蚂蚱（稻蝗虫、草蝗虫、米蝗虫）、马蜂蛹、竹虫、柴虫以及松树虫、茶籽虫、小水虫、水虫、葛麻树虫、麻栗树虫等各类虫类。虫类菜肴制作简单，大多在油炸后根据当地口味炒制，多以香辣味出现，突出香脆口感和香辣味，以香避腥。

香糯和软滑

水稻是南方最主要的主食，可以分成糯性和非糯性两类，在贵州都很常见。

糯稻虽然产量不高，但耐寒、肥料要求低；糯米饭的油脂丰富，结实耐饿，是庄稼人最值得依赖的食物。糯米在贵州是粽子、糍粑、米酒、油茶等食物的基础食材，也是腌制鱼、肉的辅助材料。城里人把糯饭、糍粑当早点，乡村地区则将烹制糯食作为生活富足的象征，带着更多的郑重和讲究。食糯最具代表性的地区当属黔东南，高山梯田里，连绵着成片的原始糯稻，在千百年的育种演化下，培植出了红糯、黑糯、白糯、长须糯、秃壳糯、香禾糯、野猪糯等糯稻品类。

糯米制品可用蒸、煎、炸、煮等不同烹制方式，其香不同，奇香无比，我曾经在每天一县的贵州88个县路上，一路品尝，记忆犹新。

糍粑，源于战事，为保战中食粮，早先将米蒸熟，筑成块，堆成墙，战中取食，蒸煮或直接食用均可，逐渐流行开来。如今将糯米蒸制九成熟舂茸成粑粑，有香醇软糯的糍粑、饵块粑，以及土豆糍粑、糯玉米糍粑、糯高粱糍粑、糯小米糍粑等；还有家家爱做的泡粑、早已成名的糕粑稀饭、粽粑、褡裢粑、糯团粑、棉菜粑、清明粑、油炸粑，等等。

作为米粉大省的贵州，也善以大米为原料，经浸泡、蒸煮或现代化米粉机直接熟制等工序制成条形、丝形的湿状或干状的米粉，或是粉条、圆粉、扁粉、粉丝、卷粉、剪粉、米皮、绿豆粉、锅巴粉等。质地柔韧，富有弹性，水煮不煳汤，干炒不易断，配以各种菜码或汤料进行汤煮或干炒，爽滑入味，是贵州早餐、中餐的“主力军”。

几乎每个地方都有知名的米粉，如花溪牛肉粉、安顺羊肉粉、遵义羊肉粉、兴义羊肉粉、水城羊肉粉、铜仁锅巴粉、思南绿豆粉、榕江炒粉、三都炒粉、安顺裹卷、独山细粉、荔波切粉、台江羊瘪粉、雷山红粉、岑巩菜粉、天柱土豆粉、正安米皮、瓮安剪粉、糟椒卷粉、猪脚粉、辣鸡粉、鸭块粉、鸡丝卷粉，等等，数不清道不完。

黔味渐成

辣、酸、野的味道和以糯米、大米为主食，都只是贵州味道最基础的特征，是久居深山，自然馈赠的最原初的味道。对物产、食材的加工和烹制，变成菜肴，则需要“烹饪方式”的照拂，贵州菜最大的特点——融合，均得益于不断迁入贵州的移民。

贵州历史上最大的一次移民迁入是明太宗朱元璋调集30万大军驻屯贵州，贵州也正式建省。那时，屯军将士多系江南水乡汉人，移居贵州后，把江南的生产技术、生活习俗、饮食物料带到贵州。明清时期，亦有大量移民分别迁进贵州，四川、广东、广西、江西、江苏、湖南、湖北的人来到贵州插草而居。曾经人烟稀少、万山重叠、运输全靠人挑马驮的贵州很快繁荣起来。贵阳、安顺、遵义等地逐渐商贾云集，政治、经济、文化繁盛，移民和商贾们不仅带来了各地的商品，还带来了各地烹饪方法和南北佳肴，本地厨师在提升本民族菜肴的同时，取长补短，结合当地原材料、调辅料和民族禁忌，对民族菜进行了改良和丰富。

贵州历史上第二次味道的融合是在抗日战争时期，南京失陷后，重庆成为战时陪都，贵州是大后方。当时很多沿海难胞、大学生、工商人士、军政人员纷纷迁入贵州躲避战事，就业定居，随之迁入的还有一大批名厨，遵义、贵阳的餐饮业迎来了高度繁荣的时期，餐饮名店层出不穷。以贵阳为例，当时汇聚了北方菜系天津馆、燕市酒家，江浙菜系苏州茶室、南京酒家，还有杏花村、西湖饭店、迎宾楼、松鹤楼，等等，名店林立。大厨名家们入乡随俗、就地取材，用原菜系的烹饪技法解读新食材、调和新口味。很多第一代黔菜大师都有师从浙、粤、鲁、川、湘等菜系名厨的经历，他们吸收了各大菜系的长处，自成新一派。在街头巷尾的民间传说中，甚至出现了好几个黔菜“门派”。这一批烹饪大师和他们的徒弟，正身体力行地在筵席厅堂上定义“黔菜”。

1949年后，餐饮复苏，兴建酒店，开办餐厅，战时入黔厨师显山露水，纷纷成名。南下干部和三线建设进驻贵州，大批江浙沪和东北人入黔，口味融合，菜肴更新，名店复兴。改革开放后，黔味逐渐从民间走向市场，在保留民族特色的基础上融合各大菜系菜肴风格，时任省长王朝文提出“黔菜”概念，形成官方菜系。

贵州是名副其实的移民大省，黔菜是山地饮食、江河饮食、民族饮食的融合，在最简单的烧炙、腌渍、烙、酿、煮的基础之上，博各菜系烹饪术之特长后，或许能另辟蹊径，创造出融合菜的新标杆，让黔菜早日出山。

合群路
HEQUN LU
砂锅粉
竹签烤肉
青岩玫瑰冰粉
老牌
毕节臭豆腐
正宗水城烙锅

黔山灵草，野香贵州

漫步五月的原野，眺望群山连绵起伏，尽收眼底的是一片嫩嫩的绿，淡淡的绿，墨墨的绿，层层叠叠，郁郁葱葱，生机无限。地图上形似一块璞玉的祖国西南腹地贵州，蕴藏着数不清的山珍野菜。

在纵横交错的高速网络和大数据、大健康、大旅游发展背景下，贵州农村产业革命中药材、辣椒、油茶、生态渔业、刺梨、竹、特色水果、石斛、生态畜牧、蔬菜、食用菌、茶12大特色产业和生态特色食品纳入十大千亿级工业产业振兴，有利于黔椒、黔油、黔渔、黔笋、黔果、黔畜、黔蔬、黔菌的快速发展，更是将灵草与黔菜一同推动旅游发展和乡村振兴。

贵州高原山区各种不同的地貌、植被、土地和气候中，自然

分布着未经人工栽培而可作蔬菜食用的一类野生植物，称为野菜，也称山野菜。贵州野菜资源极为丰富，有的一年四季常青，有的季节性明显；有的引入栽培又不失山野风味，有的通过加工储藏和保鲜，便于随时取用。一代代流传下来，是百姓引以为傲的美味，也是接待外来客商的餐桌佳品，还是乡村人民增收的来源和食品企业的特色食品。

早已成为黔菜代表的折耳根、苦蒜、鱼香菜等野菜引入栽培，仍然野味十足，不失风味，即可独立成菜，也是诸多特色菜肴的配料，还是辣椒蘸水不可或缺的作料，深入人心，在经过短时间的接触尝试和漫长的适应后，贵州人和生活在贵州的外地人餐餐不离、时时念想。常年或季节性的野菜四季不断，尤以黔东南各族人民更加喜爱，不乏加工成凉粉、冰粉。覆盖贵州东南西北中的山笋、山蕨菜，早已通过家庭的腌泡和干制储藏，食品企业的加工保鲜成为商品，以生态食品的面貌走出大山。原生态的野生菌和培育食用菌，因高寒地区生长周期长和原生态的洞林山水交错形成的气候，品种繁多，四季不间断，鸡枞菌、羊肚菌、黔虫草等珍贵又常见。药食同源的天麻、何首乌不停地在主料和配料间转换，丰富着人们的生活。在长期的实践中，多种虫类以高蛋白食品少量出现在餐桌中。贵州历史上缺盐，人们为了调节口味，加工的百草汤牛瘪羊瘪和采用野草野菜发酵制作成的素臭酸、素脂汤均是一绝，是不可不尝的重口味。

贵州野菜资源丰富，最为常见的有常年供应的折耳根、苦蒜、薄荷，季节供应的阳藿，还有竹笋鲜品及其竹胎儿、竹毛肚、竹燕窝和干制品、盐水浸泡保鲜品和腌泡品，蕨菜鲜品及与干制和盐水浸泡保鲜、腌泡品，蕨根制作的蕨粑、蕨根粉等。

折耳根

折耳根学名蕺菜，又名鱼腥草、臭根草、猪鼻孔。含有钙、锌、挥发油、甲基壬酮、香叶烯、癸醛、硫酸钾等多种物质。贵州主要食用根部，有异香，常年供应不断季，贵州蘸水常添加生折耳根末或小节。折耳根烹调方法多种，凉拌最佳。

知名的酸菜折耳根，以贵州家家户户必备的无盐酸菜切丝与折耳根节，加蒜泥、煳辣椒同拌，酸香脆爽，煳香微辣，解腻醒酒；佐以苦蒜调味，口味更加香醇，野味十足；还可以配搭猪耳、韭菜根等同拌，根根香脆，沁人心脾。

折耳根也是炒菜配料。折耳根炒腊肉远近闻名；炒制宫保鸡杂时配上折耳根，才是宫保菜肴贵州味的代表；折耳根爆炒毛肚，色彩艳丽，双脆结合，双腥混合热之后双香叠加；凉拌折耳根垫底，盖上糟辣椒炒肉丝，冷热菜混吃，风行多年，成为创新黔菜中典型代表。

折耳根入汤，野香扑鼻，完全没有了生折耳根的野腥味，膳食纤维和药性可为身体健康护航。新黔菜——盗汗绿豆南瓜荸荠折耳根排骨汤，既顺气，又正气，姑且被大家熟记为正气汤、顺气汤，几天不吃心慌慌。

如果要找贵州小吃和贵州辣椒蘸水的魂儿，那非折耳根莫属了。切成节、剁成碎的折耳根，随意地放入恋爱豆腐果、豆腐圆子、洋芋粑粑、丝娃娃、素卤菜和众多的辣椒蘸水中，没有五花八门的要求，也没有数量多少的限制，唯有百吃不厌，为人们所爱。外来久居的新黔人和商旅贵州的外地人，不出三天，都会从怕吃到爱折耳根爱到骨子里。外出贵州的黔人，心中最想念的，除了父母和家人，恐怕就只有折耳根了。

苦蒜

苦蒜又名野葱，是贵州沟渠田边、荒野菜园的一种野菜，既像葱又像蒜，故名苦蒜、野葱。有异香，多作蘸水，也可用来炒肉末等。

比起折耳根，苦蒜要逊色许多，它同折耳根的关系，有如剧中主角和配角一般。诸多搭配中，都是有折耳根就可以有苦蒜，有时候没有折耳根，也要有苦蒜。苦蒜味道更加浓烈。水豆豉拌的苦蒜，绿黄相间，味道叠加香味浓。烧烩菜中加一小撮苦蒜，香味瞬时释放，尤以贵州人最爱的豆米菜和辣椒炒辣椒为典型，有香葱无法比拟的扑鼻香味；纯粹的苦蒜炒肉末，加一点干辣椒、糟辣椒抑或野山椒，绝对的“饭扫光菜肴”。

鱼香菜

鱼香菜，少量栽培在花盆和沟坎或田土边，自由生长，叶大如拇指，绿色，常用作调料，味辛香浓郁，能压抑异味，增加香味，细品有鱼香，又名和鱼香菜，遵义人吃豆花面时总是让老板多加“鱼香儿”。

竹笋与竹胎儿

曾经风行一时，火爆全国餐饮市场的贵州竹筒鸡火锅，以来自贵州深山中的高原山笋而闻名。贵州全省均大量出产春笋、秋笋和冬笋，鲜笋一年四季不间断供应，同时制作干笋、烟笋、盐笋、泡笋等可常年食用。赤水有竹海之称，善用竹笋和竹胎儿、竹荪、竹毛肚、竹燕窝等烹饪竹全席，美其名曰“熊猫餐”，品质上乘，品味高雅。

鲜笋多有涩味，一直流传有鲜笋煮熟后，在原汤或换清水浸泡，再烹饪成菜的习惯。切片后随意清炒、炝炒、泡椒炒、加腌菜炒，抑或丢进清汤、酸汤、麻辣味的火锅和香辣的干锅中，拌制和调成馅料做成刷把头烧卖、肉包等，其脆嫩鲜美不时在口腔中“爆炸”，在肠胃中“翻滚”，美味助消化，不可多得。干笋温水浸泡后，可加入烧牛肉、炖猪排、炒辣子鸡中。盐笋、泡笋各具风味，别有滋味，鲜笋也作为器皿盛菜和包烧饭菜。

竹胎儿，又名竹荪蛋，是竹荪菌体的前期表现形式，一夜之间就会长成竹荪菌；竹毛肚是竹笋的厚质菌盖，需适时采摘；竹胎儿和竹毛肚同竹荪一样，烹饪多以清汤菜肴为主，不宜久烹，其营养丰富，口感滑嫩；竹燕窝是竹中精品，产量极低，形似燕窝而得名，多以炒鸡蛋和作为滋补食材配料出现。以一桌完整的“熊猫盛宴”开启赤水生态游、红色游，是赤水河畔不可多得的体验，是酱香茅酒之外的又一名片。

蕨菜

蕨菜叶芽和嫩茎营养丰富，富含人体需要的多种维生素，具有清热、滑肠、降气、化痰，治食嗝、气嗝、肠风热毒，舒筋活络等功效。选用未展开的幼嫩茎叶经沸水烫后，再浸入凉水中除去异味，炒菜做汤，口感清香滑润，再拌以佐料，清凉爽口，是典型的绿色食品。可烫煮后制作成干制品、腌制保鲜品存放，水发和冲漂后再烹饪，著名的黔菜有龙爪肉丝、素蘸水蕨菜、水豆豉拌蕨菜。蕨菜的根状茎含有35%~40%的淀粉，可提取蕨粉为滋补食品。蕨的根茎可供药用，提取的淀粉可制作蕨粑、蕨根粉，蕨粑炒肉、凉拌蕨根粉、火锅蕨根粉早成经典。

天麻

天麻，中药名，为兰科植物天麻的干燥块茎。2018年1月11日，发布的《关于就党参等9种物质作为按照传统既是食品又是中药材物质开展试生产征求意见的函》，同意将天麻作为食药物质在云南和贵州进行生产，天麻产业升级迈出了坚实的一步。天麻具有息风止痉，平抑肝阳，祛风通络的功效。

早期作为药品的药食同源天麻逐步进入生活中，从以前微量调入炖菜中滋补身体，到如今直接以主料、配料进入烹饪中。水果（尤其是杂果）罐头与切片鲜天麻浸泡成鲜果天麻，脆嫩清香，香甜爽口。以银耳作为主料，天然桃胶和可食用野菊花作配料，以冰糖和天然矿泉水熬炖成菜的天麻桃胶汇甜品，色泽艳丽，质地滑嫩，清甜爽口，养生美容。

阳藿

阳藿学名蘘荷，别名野姜、蘘草、茗荷等，属食用陆生种子植物的被子植物门单子叶植物纲姜科多年生草本植物，分布于贵州各地山谷阴湿处，现农家亦有移栽至房前屋后。食用部位为花茎和根茎。花茎的轴和鳞片呈浅绿白色，故民间称白阳藿。6月起可采收食用嫩花茎，9～10月可采收食用其花，冬季可挖采其根茎。阳藿具有防治胃病、消化不良的功效。

阳藿食用主要在夏秋季花期，可食花和花茎，生食、凉拌、蘸水、炒、烧、炝、煮汤及精盐渍、酱腌、生泡或配料任您选择。还可清炒、炝炒、蒜泥炒后食用。少有春季地下茎刚萌出地面时的嫩芽，叶梢刚散开时，采收洗净后，或生用或汆水或在炭

火上烤至半熟，用煳辣椒面或蒜泥生拌、熟拌、烧拌。烧椒拌阳藿菜色清爽，清新味美，香辣爽口，为佐饭佳肴；再加上油酥特产小鱼干制作的烧椒阳藿蘸鱼干，酥脆化渣，蘸水多味，油红香辣，酱香浓郁，风味独特，更显黔菜风味的蘸水菜肴魅力；阳藿炒肉色泽艳丽，造型美观，清香味美，微辣爽口，宛如一朵鲜艳的莲花，给人一种视觉上的享受，用肉片和阳藿搭配入菜，品尝下来口感清爽，清香味美，微辣爽口。

黔东南州苗侗民间，一年四季均有烧鱼、烤肉拌野菜的习惯，“食必鱼，鱼必烧”“家有粮食千万担，不搞烧鱼不下饭”，鱼肉香嫩，鲜蔬脆爽，辛辣拌香，山野佳肴，十分开胃。盛行于黔西南州和六盘水、覆盖全省的野生菌，完全可与云南山菌媲美，但民间食用不慎，常有中毒事件，好在餐厅里吃到的野生菌，是绝对安全的。都匀玫瑰花山庄制作的玫瑰汤圆、玫瑰腊肉、玫瑰酱肉花香四溢，入口醇香不腻。黔西北家庭最为喜爱的水芹菜酸菜，选用春夏之交山野水芹菜为原料，焯水后用点制豆腐余下的“窖水”浸泡，不出两天，酸香脆爽，野香浓郁，炒肉末、煮豆米或直接蘸素辣椒蘸水食用，早已成为家家户户必备美食。餐厅里水芹菜酸的好坏，是决定着餐厅兴旺的重要因素之一。

百草汤牛瘪、羊瘪当属黔山灵草的经典之作，黔东南州榕江县、从江县大山深处，自然成长的牛羊宰杀后，快速取出食道至蜂窝肚中的青草汁液，过滤熬煮，制成瘪汤，作为调料来烹调牛羊，成为当地和黔菜中最为奇特的美食。宋代朱铺著《溪蛮丛笑》记载："牛羊肠脏，略洗摆羹，以飨食客，臭不可近，食之则大喜。"牛羊多胃室，白天将山中百草快速进食存于蜂窝肚，空闲下来反刍口腔回嚼，并未消化的百草汁，制作成干锅牛羊瘪、汤锅牛羊瘪，微苦回甘，成为地方名菜经典，被食界称赞。

黔南州的素臭酸，用百草发酵成汤，煮牛肉、煮猪肥肠食用；黔东南和铜仁的素腤汤，也是青菜自然发酵，用来烫煮田鱼和肉食；黔西南州的酸笋，春天将采摘来的竹笋切成丝，装坛发酵，要不了多久，酸香扑鼻，略臭且香的酸笋脆嫩爽口，煮一锅万峰湖的鱼，无比美味。几种地方风味浓郁的发酵酸用于烹调，闻着臭，吃着却无比香醇，只要你敢吃第一口，就绝对停不下筷子。

坝上“滋味”

在世人眼里，贵州就是大山的代名词，也是高原的代名词。

西南腹地贵州，历来有“地无三里平”之说，黎平县水口河出省处海拔147.8米，赫章县的韭菜坪海拔2901米。一山分四季，十里不同风的贵州，素有“八山一水一分田”之说。地貌以高原、山地、丘陵和盆地四种类型结合，有万亩大坝100个，小坝若干。

独特的地理与人文环境

贵州坝子上的人们多以水稻和猪肉、鸡肉为主食，高山上的人以小麦、荞麦、薯类和羊肉、牛肉为主食。历史上，贵州以糯稻为主，兼养田鱼。在缺盐的时代，为改善口味和补充营养，勤劳智慧的人民发现以植物根茎叶花果染饭和发酵酸食酸汤可改善口味，补充营养，后来衍化成贵州特色美食五彩糯米饭和酸汤、酸菜、酸鱼、酸肉。

逐鹿中原后，战败的蚩尤部落后代一路南迁，以今苗族为主的大部南迁人民居住在贵州，传承先祖农业种稻生活，放养田鱼，稻鱼共生，流传下来酸汤煮鱼、烧鱼等诸多美味，同时沉淀出五色糯米饭等数不清的美食。

贵州作为移民大省，多个时代均往贵州移民。明清时期，江苏、江西移民为最，早已开发成为景区的安顺屯堡至今保留着许多明朝时期的风貌。喝一口米酒，品一块肉。走进屯堡人的生活，交上三五屯堡好友，不做客人做亲朋，家中无拘无束的家宴，方可感受那种轻松惬意。当然八大碗中的整鸡、整鸭、坨子肉、盐菜扣肉、夹沙肉炽糯软嫩，入口化渣，碗底油汤都不想浪费掉，得准备好足够的运动量才敢轻松下筷，不然走一趟坝子胖三斤是少不了的咯。

黔味美食也前卫

贵州人最早食用辣椒，酸汤鱼是辣椒经火烧春茸，拌制米酸汤煮熟的田鱼。据《黔味菜谱》载，到改革开放后，餐厅逐渐将家传的拌制酸汤鱼，换成米酸汤煮鱼火锅，用烧椒煳辣椒调味蘸食；进而在米酸基础上，添加野生小西红柿发酵的红酸汤鱼火

锅，后来发展为米酸的白酸汤、加西红柿的红酸汤，再到同时加西红柿酸、糟辣椒酸的酸辣红酸汤等诸多风味。

酸汤鱼分为传统酸汤鱼、白酸汤鱼和时尚酸汤鱼。传统酸汤鱼即苗家酸剁鱼，白酸汤煮熟的田鱼，配上一碗烧青椒上桌，香味扑鼻，一边拌一边夹一块入口，热冷刚刚好，煳香微辣，滋味浓郁，入口即化，回味悠长，要不是担心鱼骨刺喉，只想抬起碗一饮而尽。白酸汤鱼多见于民间，特别是黔东南地区，丰收季节，抓一根鱼竿，站在田坎上，从未收割的稻田里，抓几条田鱼回家。在清水中滴几滴生菜油，让田鱼清肠，去除泥腥味。此时，舀几瓢自酿米酸倒进火锅中，抓起鱼从腮边第三片鱼鳞处割一刀，挤出苦胆，将鱼儿丢进锅中煮上一煮，就招呼人们围上桌，筷子在锅中翻滚，抢食鱼杂，然后才慢慢品鱼、吃菜。什么味道？别问我，自己去体验一回呗。越来越少的生态稻田鱼和季节性的限制，满足不了市场的需求，大家开始用白酸汤煮牛肉，并成为品牌。应运而生的红酸汤登场，无论是纯的小西红柿酸加白米酸，还是已经为嗜辣群众准备的糟辣酸、小西红柿酸加米酸的时尚酸汤鱼，也不管什么鱼，锅锅酸香，人人爱吃，老板们开店是一家连着一家，连锁店越来越多，越来越大。其酸味适中、略带辣味者为佳，翻滚的红汤锅中，鱼肉粉白细腻，入口鲜香，回味酸爽，时不时地舀一碗喝下，解暑清爽。爱吃辣好吃辣的，猛戳烧青椒、煳辣椒等调制的蘸水，特别是木姜子，必不可少。

坝子美食之美

笔者改革开放之年出生于大娄山边毗邻桐梓县马鬃苗族乡一个叫青山的小山沟里，读书时享受过多个年级一个教室的复式班，后来去一个叫竹园的村里上小学，见到足有百亩的田坝，水源充足、土地肥沃的坝子边，家家户户有白净的大米吃，就着咬一口可流油的猪肉，很是向往，特别是想到家里小麦、荞麦、玉米、土豆的主食和那腥膻味极重的山羊，特别是海拔1500米的马鬃乡外婆家吃的难以下咽的“野”味。后来又去了区公所的黄村坝上初中，千亩田园尽收眼底，上高中时见识了一望无垠的绿油油或金灿灿的稻田旺草坝、洋川坝、蒲场坝，得知绥阳县有四个贵州万亩大坝田园。

高中毕业后到了成都大平原，已经没了当年见着大片水稻的震撼。在成都，我读到了梦寐以求的烹饪高校。工作后，东南西北一通乱窜，学厨艺，见识各种食材和美食，然后回家乡工作，无意间走进黔菜研究、教育、推广工作，因为黔菜出版工作，走遍贵州9个市州88个县，一路前行中我总是寻找坝子，哦，不，是寻找坝子与高山中的美食。有时候甚至不顾一切地去品尝，体会那种可以满嘴流油的美食的感受。

其实贵州处处有坝子，矮山高山都靠着坝子，坝子的美食与山中的美食也随着社会的进步和发展，越来越接近。随着贵州大山里移民搬迁，人们离坝子美食越来越近，倒是有些想念高山上的美食了。

贵州的美食，受历史、地理和社会发展的制约和影响。最为突出的是早期为盐所困成就的黔菜酸道一门，成为中国餐饮中不可多得的特色；在那个时代，贵州人又敢于人先地吃起了辣椒，从种植到加工，形成了许多独立风格的调味品，诸如糟辣椒、煳辣椒、糍粑辣椒之类，以及许许多多的菜品，笔者在为中国烹饪杂志撰写专栏时将其归入黔菜辣道。特殊的移民历史进程，形成贵州包容又淳朴的民风，大生态下的天然食材，表现出米香、茶香、酒香、药香、野香等数不清的黔菜香道。

黔菜之美，就是坝子美食之美；黔菜之香，就是四千万贵州人民之香。

黔辣，
一坛突然打碎的陈年老酒

茅台，让你记住了贵州，但贵州人对茅台的态度，远远没有对辣椒那般热情。

酒，多以香型界定，酱香、浓香、清香、米香、兼香……，从口感角度说，就四个字，麻辣甜酸。口感的好坏，取决于四味之调和、也取决于品酒人之感受。

喝酒喝酱香，品辣品黔辣。黔辣，是一坛突然打碎的陈年老酒。贵州人吃辣椒，如同喝酒，就喜欢她的醇，亦纯。贵州辣椒品种繁多，辣椒产品不计其数，变化万千，各具特色。

贵州一怪，辣椒是菜

在菜馆点一个“辣椒炒辣椒”，也许会让你感到惊讶，但服务员和厨师会把你当成家人一般对待。贵州人，大多数人就是在这样的环境中过来的。

作为“70后”，我的童年是在田地里度过的，玩具多是庄稼地里够得着的农作物，辣椒自然是最多的，诸如辣椒这样的“玩具”，自然比不上今天花样百出的智力玩具，但那时候生活相对较差，大人们忙于生计，饥饿的孩子们玩着玩着就把“玩具”放进嘴里，随后哇哇哭喊，能解决的办法只有母乳和山泉。也正是这些经历，练就了他们一身能吃辣的功夫。据载，1998年杭州举办吃辣大赛，贵州小伙以快速空口吃了5千克新鲜小米椒夺冠。

再大一点时，孩子们就会帮助大人们种植辣椒和制作辣椒菜肴了，记得学做“金裹银”的苞谷饭时我只有4岁，要知道这饭是需要分别将大米煮至八九分熟，沥去米汤，玉米粉加水蒸制全熟后，在竹器内混合，再蒸制熟透的经验活，但是我搭着板凳就做好了。

秋后天气下凉，辣椒慢慢枯萎，这时农村人将还未来得及由青变紫、由紫变红或者半青半紫、半紫半红的大辣椒（也就是菜椒）收回，洗净晾干，用绣花针将辣椒竖着划一刀，再将之前准备好的，经锅中慢炒香脆的混合米（籼米与糯米比例为4：6），用石磨磨成粗粉，拌上盐，注入青花椒之类的山野香料，填入辣椒内，逐个装坛，在坛口塞上稻草或核桃叶，反扣在配套的、加满水的坛钵中，使其和米粉自然发酵，从坛钵中慢慢吸水，使之滋润、回酸、纯味、醇香。一个月后，就可以将辣椒取出，与米饭一同蒸熟，再加少许猪油，炒香切碎的蒜苗，连沾有少许米粉的熟鲊辣椒一同炒香，香糯、酸辣、醇厚、化渣的美食就成了乡村的高级佳肴了，不比如今酒店的工艺菜逊色多少。只要保持放置倒扑坛的位置干燥、通风，保证坛钵中水不干，鲊辣椒可随用随取，常年不坏，越存越香。除了鲊辣椒，还有鲊鱼、鲊肉、鲊冬瓜，等等。后来我在烹饪专科学校学习烹饪，查阅资料，方知此法曾经影响东北亚中部、整个中东部和东南亚，后来仅存于贵州、湖北恩施和日本少数地区。而鲊辣椒仅存于贵州遵义地区。

贵州人的嗜好，多在辣椒和酒，但到了贵州农家，千万别看见坛子，就认为贵州人嗜酒如命，因为酒坛并不多，多就多在辣椒制品。土坛里装着的，除了各式各样的鲊辣椒，还有用石磨将新鲜辣椒磨成浆，装泡菜坛的辣椒酱和辣酱酸，区别在于添加盐和酒的量不同；辣椒磨浆拌米粉发酵的面辣椒；用新鲜辣椒，辅以蒜瓣，子姜用刀剁碎，添加少量盐、冰糖和米酒的糟辣椒；菜椒切丝或切块后与姜片一同装坛发酵的酸辣椒丝、酸辣椒块；小米椒直接入坛泡制的酸辣椒等，都是装在坛中的。这样的坛中之物，既可直接食用，也可烹制菜肴、拌饭、佐面以及作为菜肴的蘸水之用。这“坛”辣椒，如同1915年茅台走进巴拿马，一经打碎，满屋飘香。

三个辣椒一个菜

黔之辣，不仅在于辣之纯，也在乎辣之融。发展之路，或许应从今天风靡全国的干锅说起。

说起热衷烹饪，也许缘于我12岁那年。当时二舅过生日，来了12桌客人，当地的规矩是厨子自家请客不做菜，于是乎，排除外公和我的三个舅舅之后，说我可以一试，我也贸然应了下来，不管三七二十一，我将所看所悟所想，胡乱炒制十余个菜，将有辣椒的菜肴有序的倒入火锅盆中，带火上桌，余下的蒸菜、汤菜和凉菜作为配菜。人们在食用时越吃越香，随之表扬声声入耳。这一创举后来一直影响着当地酒席的烹饪和饮食格局。

我在四川烹专学习中国烹饪，接触到了四川辣椒和全国各地的烹饪技术以及西餐西点基础。或许是因为辣椒情结，毕业后我在全国各地溜达了2年，毅然回到贵州从事烹饪技术、厨房管理、酒店管理工作，闲暇时光则不分昼夜地奔赴贵州的民族地区，涉猎辣椒与美食精华。到了侗族地区，方知12岁那年的创举，在侗族地区一直流行着，就在那一年，上海的苗家干锅居黔菜酒楼开业，并推出了很多干锅，最著名的即是六椒鸡，将贵州的干锅鸡加进了六种不同的贵州辣椒制品，也就是当年创举中的多种辣椒炒制的菜肴混合后的那种感觉。此为我应相关机构和媒体的邀请，去采访上海黔菜企业所见所闻。这时，我思绪万千，但并未公布其过程与奥妙，直至今日。

前两年，一家本土菜馆经营一年多，生意火爆，但每月营业只在十七八万之间徘徊。经朋友介绍后，我为其做出品和策划顾问，在菜品上采取了辣椒分类法和辣椒融合法，并且三个月更换一次菜谱，回头客的满意度提升了，营业额节节攀升，前些天一问方知其月营业额已超过60万。百思不得其解的投资者和大厨问我招从何来，答曰："三个辣椒一个菜。"大厨恍然一悟，心中有物，未曾点破。

其实将答案告知大家，是因为在学校新为我开设的贵州干锅火锅课程中，我已经为这群十七八岁的孩子讲解了贵州干锅的来历，它来源于贵州民间菜肴的干锅，追求的是辣椒的融会贯通，是辣椒调味品融会后的口感和民族民间菜的文化与魅力所在。以六椒鸡为例，制作贵州辣子鸡，主要取用以水浸泡的干辣椒在石堆窝中舂茸的糍粑辣椒和花椒调味。而制作鸡的菜肴比比皆是，融合了糟辣椒、豆瓣酱、泡辣椒的腌制后，鸡肉经加热产生的醇香，干辣椒煸炒过程中所出的煳香，青辣椒、小米椒的清香，多种香味融为一体，岂有不香之理，何有不爱之说？

再说说上大学时，在宿舍里说家乡菜肴美时，被同学"笑掉牙"的贵州特色菜"金钩挂玉牌"。此菜实为豆芽煮豆腐，不添加任何调料，但是必须配带4个辣椒蘸水，通常为糍粑辣椒炼制的油辣椒蘸水；火烧青椒、西红柿后剁碎调制的烧椒蘸水；火灰烧煳，手搓成面，调盐、姜蒜米、葱花、菜肴原汤而不加酱油等的素蘸水和糟辣椒蘸水。四味蘸水因人而异，根据嗜好选用。

忆起儿时糟椒子

糟辣子，又称糟辣椒，细化品种和食用方法均不计其数，是贵州特色辣椒调味品中最为显著的一种，食用地区以贵州为主，也包括临近的渝、川、滇、湘、桂等地区。近年来流行的湖南剁椒、苗族布依族辣酸，均是糟辣子的衍生品种。

有人说，糟辣椒如同川菜中泡椒、泡姜、泡蒜的综合体。的确，在贵州，烹制鱼香肉丝和鱼香味系列美馔，均是加入糟辣椒制作而成，而且大大简化了川菜经典味型之一的鱼香味的调制。我在黔渝川滇学厨从艺、走访民间和餐厅后，不由得忆起儿时的糟辣子来。

孩提时代，居于深山，整天在草垛、田坎和山坡游玩，与牛羊为伴，爬树采野果，下河摸螃蟹……肚子咕噜叫时才回家，要么爬上灶台，挑一碗米饭，灌进砂罐里熬煮好的老茶汤，配上白糖，囫囵吞下一碗茶泡饭；要么就着苞谷饭，舀上一木勺糟辣子拌匀，大口填饱肚子。然后再跑出去掏鸟窝、摘别家未熟的水果等小孩子经常做的事。

那时的孩子也常跟着大人们忙碌，在自家的地里耕耘，一季紧跟一季翻种。比如辣椒，在采摘了一至二次鲜红辣椒后，将辣椒连根拔起，捆成把背回家，挂在房檐下，夜晚或者下雨天时，摘下肉质厚实、个小的鲜辣椒，分开青红、去蒂，再到地里挖些新鲜子姜，取些屋里刻意留下的大蒜瓣，分别洗干净，晾干水分，按照手感或者是曾经见别人制作的大概比例混合，放入木盆，用专用长把砍刀反复砍剁成粗细不均匀的米粒大小，放盐、火酒（自酿白酒）或者甜酒汁（经反复的试验，按照辣椒、子姜、盐、蒜瓣、白酒的重量比为50：5：4：2：1最为合适），装入土坛中，加盖，注入坛沿水，密封。大概半个月后就可以作为炒菜用的调料了；一个月后，可以用于凉拌菜肴；但要用于拌饭，起码得等上三个月，最好是一年以上。这时的糟辣子，完全没有了鲜辣椒的生辣味。红辣椒制作的糟辣子色泽鲜红，青辣椒制作的糟辣子酱青鲜艳，香浓辣轻，具有微辣微酸而又香、鲜、嫩、脆、咸等味道鲜明而又相互融汇的风味特色。

那时，制作糟辣子这样的调料，多数是奶奶领头，妈妈参与，主要是为了教会下一代人制作工艺。富裕一点的家庭或者是人数多的家庭，除了用这种被称作是“罢脚”的新鲜辣椒制作糟

辣子外，还有将辣椒、子姜、大蒜瓣切成丝或块，用同样方法制作成糟辣椒丝、糟辣椒块，分坛装后，制作不同的菜肴，或以此为腌料，再次腌泡蒜薹、洋姜等小菜。还有的做法是在砍剁辣椒时，不加姜蒜，剁好后略调盐、甜酒汁，再拌入用大米和糯米混合炒香、用石磨磨成粗粉的米粉子，装入无沿土坛中，坛口塞入干稻草或新鲜核桃树叶，反扣在注有水的土钵内，大概两个月就可以取出蒸食，蒸熟后再炒制的被称作为鲊辣子，鲊辣子是一款风味菜肴，而不像糟辣子既可直接食用，又是一种调味品。

糟辣子在贵州可谓人人喜爱，老少皆宜，在黔菜调味中是必不可少的，是烹制鱼香肉丝等鱼香系列菜、糟辣脆皮鱼等糟辣系列菜、贵州回锅肉、怪噜饭等家常风味菜时之必需。还可用糟辣椒当作基料制作腌菜、泡菜、凉拌菜，制作这些菜肴时，其他调料不宜复杂，尽量保持糟辣子固有的腌泡后产生的酸鲜味和作为菜肴底味的香味，同时尽量保持其脆嫩的口感，还可以不加任何辅料，成为独立的糟辣子蘸水，真可谓是拌饭的好佐料、好玩意儿。

手工美食煳辣椒

在贵州大小餐馆尤其是早餐店的餐桌上，不仅有“标配”的酱油壶、醋壶、蒜瓣碟“两壶一碟”，还有减辣增香、香味浓郁的煳辣椒面，这种“两壶两碟”的配置沿袭至今。

煳辣椒面为滇黔独有，贵州为最，渝川与滇黔交界区域亦为少见。广泛说来，煳辣椒是将干红辣椒在木炭火上烧（烘、焐）焦煳，用手搓细或用擂钵舂细成面（粗粉）而成。不愿用手搓又没有擂钵的家庭常用自制的竹筒竹片，将烧（烘、焐）焦煳的辣椒装入竹筒中用竹片绞碎。大量制作时还可以将辣椒在锅内慢慢炒焦煳，用擂钵擂细或在机器内绞细成面。

煳辣椒有煳辣椒面、煳辣椒粉之分，从烹饪专业角度来说，煳辣椒面的说法更为贴切，真正要做成煳辣椒粉了，风味便失去

大半。煳辣椒的传奇之处，还在于煳辣椒的繁多品种和数不清的吃法。

少年时代，我把烧制煳辣椒当成最为好玩的事情之一，在烧柴火煮饭的间隙，将木炭取出，再用火钳夹着干辣椒放入热炭灰中，反复地翻滚，借用炭火灰的余热烧焐烘制辣椒，一直到辣椒内部棕红、外部焦脆时再将辣椒从炭火灰中分离出来，基本晾凉后，用手拍拍灰土，两手夹着辣椒搓成粉状，就成了煳辣椒。因为每次制作的成品粗细不均，因此也被大家称作煳辣椒面、煳辣椒粉。

在整个制作过程中，烧焐或烘制辣椒所产生的辣味会呛人鼻喉，但不知怎的，小孩子们大概因为好奇会坚持去做，有时还会提前用毛巾捂住鼻子去体验这一过程。这个搓制方法更是有诸多让人意想不到的后果，虫子叮咬脸部甚至眼睛，一不小心用手去抹一下，会使眼睛或脸部火辣辣地难受半天。

因为这些方面的问题，乡村里的人们在农忙之时，便有用镭钵擂制或用特制的竹筒绞制煳辣椒等诸多方法。其实这样的“手工美食”讲究的是现做现吃，所以家家有镭钵，户户有竹筒竹片，餐餐自做煳辣椒。

如今酒店餐厅制作煳辣椒，由于人手限制，以及用量的不确定，多为专业厨师将辣椒在干锅中小火慢慢煸炒至外焦黑、内棕红后，离火晾凉，再放入搅拌机中绞细或者装入布袋压揉成粉，经过机器搅拌的较为均匀细致，但香味严重损失，与手工美食比相差甚远。

说来这么讲究，煳辣椒真有那么吃香吗？其实煳辣椒的最主要功用，是用来做煳辣椒蘸水蘸食汤菜。煳辣椒蘸水在乡村通称素辣椒蘸水，是用煳辣椒面、盐、姜米、蒜泥、葱花制成的，在食用前加入汤菜中的汤汁调制而成。根据汤品不同，可以加入花椒面、酱油、味精、水豆豉、豆腐乳、芹菜末、芫荽末、折耳根末、苦蒜末、木姜子粉或红油、米汤等，有时根据个人喜好，还可以加入野菜，既可以作为蘸水，也可以拌饭吃，其味爽口清新，辣椒脆爽煳香。

除了蘸水，煳辣椒也用于凉拌菜。拌制卤菜时加入煳辣椒面、葱花或野菜足以。拌各种鲜蔬，拍些蒜泥，加入酱、醋的煳辣椒味道清香，回味爽口。吃早餐、吃烧烤、品泡菜，滚上一层煳辣椒面，只有亲自品尝后才知其味无穷。

辣得起，放不下

贵州地处西南内陆腹地云贵高原东部，属亚热带湿润季风气候区，气候温暖湿润。特定的自然条件，造就了贵州丰富的自然资源。贵州辣椒品种繁多，食用辣椒方法不计其数，民间家常菜几乎无菜不辣，而且近乎餐餐都要食用辣椒蘸水，就连喝酒也不会放过辣椒。

贵州盛产辣椒，它是人们日常生活中重要的蔬菜和调味品。如产自遵义的小辣椒就有近400年的历史；辣椒种植大县绥阳县2000年种植面积就达13.8万亩，产量1.75万吨；播州区已出现辣椒专业村30多个；绥阳县和虾子镇均建有中国辣椒城。随着辣椒产量和质量的提高，人们对辣椒的需求量越来越大，贵州省辣椒的生产及加工规模也在全国名列前茅，大小辣椒加工企业数百余家，辣椒产品和制品销售到全国各地，有的产品甚至已跨出国门，远销百余国家。

贵州各族人民烹调辣椒的方法很多，煎、炒、烹、腌、糟、泡、烩、炸、蒸，等等，特别是制作调味品和辣椒蘸水有其独到之处。

辣椒下酒

俗话说，“贵州人生得恶，喝酒下辣椒”。这句俗语所说的“恶”非凶恶，而是胆大，喝酒时把辣椒作为佐酒美味。贵州人素来嗜好阴辣椒和油灯辣椒佐酒，辣椒的辣与酒的辣味相融，别有一番风味。尤其是居住在贵州的布依族人家，餐餐不离阴辣椒，家家会做，人人爱吃。阴辣椒的制作极其简单，就是小尖青辣椒去蒂洗净，蒸至熟透后放在干燥通风处阴干即成。另一种阴辣椒又称面辣椒，是阴辣椒的“姊妹”，制作时将小尖青辣椒去蒂洗净，切成丝，拌入酢粉和精盐，装入甑子内，上火蒸约60分钟至熟透后取出，摊入一盛器内晒干，晾晒时，要用筷子翻动几次，以免粘连成坨。待油炸酥后食用，也可用作炒牛干巴、老腊肉等重油少水之原料，其成品辣而不燥、香糯微酸、回味悠长，最适合佐酒。

油灯辣椒出于遵义民间。旧时，人们用生菜油作为燃料，放一棉麻灯芯点燃，作为晚上的照明工具，不知是谁酒醉后，抓起一个干辣椒在灯火上烧煳，放进嘴里，顿时满口生香，别有一番

风味。后来，越来越多的喝酒之人效仿，直至今日仍在民间流行。在遵义的羊肉粉馆，笔者就尝试过在提前点好的生菜油灯上，根据店主提示，自己烧了两个辣椒，浸泡在羊肉粉里吃，确有一番风味。当时亲眼见到当地老年人边吃早餐边喝酒，其佐酒小食就是现烧鲜品油灯辣椒。

随着工艺发展，下酒的辣椒又出现了筒筒辣椒（即干辣椒段）与芝麻、米粉面等制作的香辣脆系列产品十余种。

辣椒佐饭

“好吃不过辣椒拌饭”，这是去过贵州的人常提起的。我刚入行时，成都一酒家的厨师长就跟我说起这句话，我马上回应，小时候在老家遵义确实是这样吃的。不料他的回答让当时刚入烹饪行业的我大吃一惊，他说他曾经在贵阳从厨，店家历来准备有新鲜青辣椒、毛辣椒（贵州俗语，即西红柿）在火上烧熟，去皮剁茸，拌上盐、蒜茸、酱油，供食客作为下饭好菜。如今，不少专供炖鸡饭、牛羊肉粉和肠旺面的小店，还配有这个小菜供食客免费享用。

乡村的辣椒拌饭更为简单直接，与大多数酱油拌饭相似，在春夏交接期间，农村蔬菜青黄不接，往往是一碗白饭，加上一勺色泽鲜红，具有微辣微酸而又香、鲜、嫩、脆、咸风味的糟辣椒。大多采用新鲜子弹头朝天椒和小米朝天椒，去蒂，混合洗净，加入子姜、蒜瓣、鲜茴香籽，用石磨磨细后放少许精盐，再装入带有坛沿的土坛中，加盖，注入坛沿水密封30天后即成辣椒酱，与米饭拌匀即食，红彤彤的，不细看，好似在大碗吃辣椒呢。因为制作糟辣椒和辣椒酱都是在秋收后，多数辣椒已经是生长后期，所以辣味不是太重，加上腌制的作用，自然发酵所产生酸味减弱了辣度，很是美味，能开胃健脾。

辣椒拌菜

贵州辣椒拌菜，有冷热之分，还有小吃之法，方法不复杂，味道别有一番滋味。冷拌谓之“拌”，热拌谓之“烧”，小吃则称为“干熘”。

拌制菜品多数采用减辣增香、辣而不猛、煳辣香味浓郁的煳辣椒，或用糍粑辣椒炼制红油后剩下的油辣椒。酥香渣脆、辣味适口的油辣椒以及糟辣椒、辣椒酱、烧青辣椒等可用来直接拌制菜肴。一道煳辣椒拌莴笋叶就是某黔菜馆的招牌菜，能让贵阳食客们多年来念念不忘。此外还有油辣椒拌生菜、糟辣椒拌白肉、烧青辣椒拌牛肉、烧青辣椒拌茄子等，经典菜肴不计其数。通常情况下，烧青辣椒拌菜必须加入采用同样方法烧制的烧毛辣椒（烧西红柿）同拌，而烧大蒜的加入，也是形成其独特风味的关键之一。

把热拌谓之“烧”，多为少数民族菜肴，侗族烧鱼就较为典

型，此烧非热菜的烧，而是将新鲜稻田鱼（稻田中与水稻同养，秧稻不施肥、不施药，鱼不添加饲料，秧鱼互生，平衡生态）用炭火烤熟或者高温油炸熟后，撕成大块，用山野菜和煳辣椒拌制成菜，还有侗家血红选用猪肉和杂菜用同样方法制熟，辅以新鲜猪血、煳辣椒、油辣椒拌制食用。

“干熘”似乎难以让人理解，中华名小吃遵义豆花面较有代表性，是将豆浆煮制的碱水宽面浸泡在豆浆中，食用时，与豆花一同夹入肉丁、油辣椒和野薄荷等调制的蘸水中食用。可能是因为豆浆煮制的面条热拌后更为香醇，所以在遵义市及所辖的区县，人们更喜欢的是这种肉丁辣椒野菜热拌面，当地人通称“干熘面”，进店直呼“豆花面，干熘”，或者是更为简单地丢下两个字——干熘。除了豆花面，还有油辣椒、酸粉（贵州人特别嗜好的大米发酵后制作的粗米粉）做的香辣素粉，又叫干熘酸粉；土豆切片过油后用煳辣椒面或五香辣椒粉与野薄荷拌制的干熘土豆；盐酸菜、煳辣椒热拌的鸡片，叫干熘盐酸鸡；花蟹与臭豆腐蒸熟，撒煳辣椒，炝烫油，加葱花热拌，叫臭豆腐干熘花蟹，等等。

辣椒调味

贵州辣椒调料数十种，多数可以直接食用，在烹调中可以在主料下锅前的热油中预制，也可以在主料快熟或全熟时调入。各具风味，往往是后者味道更为醇厚。

糟辣椒调味应用较为广泛，独立炒、烧、蒸制菜品则可调出糟辣味，其酸鲜味厚，色泽鲜红，风味别致，贵州家常回锅肉即是用糟辣椒炒制的；与葱花、糖醋结合，可调出川菜中的鱼香味；与毛辣椒酱同腌，可以做出如今流行的创新菜品凯里红酸汤。

与糟辣椒相似的还有泡椒、腌椒、辣椒丝、面辣椒、鲊辣椒、辣椒块、辣椒酱、豆瓣酱等。

油辣椒调味应用范围仅次于糟辣椒，油辣椒由于已经提取了红油，其香味足、辣味适中。但多数情况下与本地豆瓣酱、干辣椒共用，取其豆瓣酱的底味、干辣椒的辣味，体现油辣椒的香辣，此类菜品大多被称之为香辣味，多应用于炒菜和干锅菜品。

干辣椒、糍粑辣椒多调制煳辣味、香辣味菜品，而且不能用油辣椒替代。制作老贵阳辣子鸡时，生菜油不宜完全烧熟透、糍粑辣椒也不能炒得太干，就是油辣椒不可替代糍粑辣椒之处，最后的成品香辣、亮红，回味有生菜油、生辣椒之味。制作黄焖牛肉和干锅牛肉时，糍粑辣椒、干辣椒和豆瓣酱略炒后，加入氽水、过油后的主料，一同炒制至糍粑辣椒无生味、出香色红，使其香辣味完全融入牛肉后再进行烧制。

辣椒小吃

这里所说的辣椒小吃不包含粉面早餐中自行添加的油辣椒、

糊辣椒、红油、烧青辣椒、鲜泡椒等，而且直接在制作时添加的辣椒。历史文化名城镇远有一种米糕，当地叫“马泡”或“油饯”，用米浆发酵、装入特制的圆筒内，添加烧青辣椒或者油辣椒、土豆丁、红薯丁，下油锅后即定型，定型后脱离特制容器，浸炸熟透而成。流行于全省各地的早餐主要品种糯米饭，除非你提前声明不吃辣椒，否则店主会在饭里夹入由多种辣椒拌制的小菜递给你。

趣话贵州菜之“最”

贵州山川秀丽，物产丰富，民族众多，饮食文化源远流长，异彩纷呈。贵州的民族民间菜不仅充分利用当地的特产，而且还深深地打上了民族饮食文化的烙印。贵州菜独具风味，受到各地食客的喜爱。近年来，贵州烹饪界、文化界经过挖掘、整理、研究、创新，打造出一系列地方风味菜肴。

“最怪”的菜——辣椒炒辣椒

俗话说，“贵州一怪，辣椒是菜。”在贵州各地，不仅有数不胜数的系列辣椒菜（干辣椒系列、糍粑辣椒系列、糟辣椒系列、煳辣椒面系列、青辣椒系列、腌辣椒系列、阴辣椒系列、野山椒系列），还有辣出特色、辣出品位的辣椒炒辣椒，即多种辣椒炒一锅。不仅众多家庭会做，人人爱吃，而且早就进入餐厅酒楼，甚至星级酒店，成为贵州独特的一道怪异菜，炒三椒即为其中的一款。

“最乱”的菜——怪噜菜、随便菜

店主：小姐、先生请坐，来点什么菜？

顾客：随便随便。

店主：那就来几个“炒随便”“拌怪噜”。

在贵州有些地方菜没有适当的称谓，人们便随意地称为怪噜菜，即将多种主料、辅料、调料不按常规混在一起，拌、炒、烧、炖制作出来，如怪噜花生、怪噜鸡丝、怪噜回锅肉、怪噜红烧肉等。还有炒随便（将各种时令蔬菜或肉类在同一锅中加调料随便炒制，只要味道醇正可口即可）、煮随便、炖随便、烧随便等。这些菜显得杂乱无章，但可口开胃，堪称一绝。

“最烫”的菜——花溪清汤鹅

民间有句谚语：“鹅汤不冒气，烫死傻女婿。”贵阳花溪清汤鹅火锅即是传说中的鹅汤。由于鹅汤油厚，不见冒热气，如果端上就喝，入口烫嘴烫心，会忍不住喷口湿襟，闹成笑话。奉劝还没有品尝过花溪清汤鹅的朋友一定要小心取用，或食用前先搅拌几下，撇开浮油再试试看。

糖画
烤红薯
可可糖
豆腐脑
酒酿汤圆
磨剪子
糍粑坊
小心
你就是我的
酒

“最凉、最苦”的菜——鸡蛋炒苦瓜

“哑巴吃黄连，有苦说不出”。黄连是药，而夏季之佳品苦瓜性味苦寒，能消暑涤热、明目解毒。苦瓜又名癞葡萄、红姑娘、凉瓜、菩达、红羊等，用来凉拌、热炒、炖、烧、蒸、酿各种菜式，味道凉爽、苦寒，让人回味无穷。特别是鸡蛋炒苦瓜，又凉又苦，色鲜味美。

“最甜”的菜——橙汁藕片

“红萝卜，蜜蜜甜，看到看到要过年”，一首童谣勾起几多回忆，但红萝卜实际上没那么甜。推荐一道流行、简单、时尚的甜菜——橙汁藕片，不仅味甜心也甜，用鲜橙汁加糖浸泡藕片，脆脆爽，甜蜜蜜。

“最酸”的菜——盐酸菜

“三天不食酸，走路打蹿蹿”。这是流传于贵州民间的谚语。贵州人嗜酸，酸过了头才够劲。除酸菜、酸汤、腌菜、赤水晒醋、青岩双花醋、遵义麸醋外，最具酸味特色的要数独山县布依族的盐酸菜。不仅酸过了头，还有蒜和辣椒的辣酸味，真是酸、酸、酸！

“最辣”的菜——辣椒炒辣菜

在贵州，人们认为一种辣不算辣，复合辣才痛快。这辣椒炒辣菜，辣菜辣头阵，辣椒辣出眼泪，最后还有大蒜的辣味加入，正印证了“大蒜辣心，辣椒辣口”的俗语。

“最淡”的菜——素瓜豆

小瓜与棒豆同产于夏季，加清水煮过即食，不加任何调辅料，解暑凉心，爽口开胃。若要加上调辅料反而不鲜美了。

“最土”的菜——米汤煮酸菜

如今城市饭菜吃腻了，下乡去尝尝鲜，亦为“返璞归真”。那乡村纯朴人家多会煮米汤酸菜给您吃，土得掉渣又酸得无比纯粹，值得下乡去尝尝。

“最新”的菜——酸菜炒汤圆

汤圆是传统节日的食品，多煮食，亦可炸食，但用来炒食可算是新潮了，再加入干辣椒段和苗家酸菜，味道和口感实属新新一类。

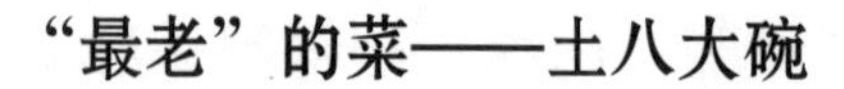

“最老”的菜——土八大碗

明清时黔人即以“土八大碗”待客，八碗菜各有不同的做法，乡土气息极浓。俗语说：“八碗菜，八人吃，人人平安，四面八方，一年四季，万事如意。”

“最野”的菜——折耳根拌蕨菜

折耳根、蕨菜在贵州数十种野菜中最具有代表性。将两者合拌，野味突出，清香爽口，野味留香，回味无穷。

变化“最多”的菜——回锅肉

被誉为川菜第一菜的回锅肉，长期流行于川渝。但贵州的回锅肉也不逊色，做法多样，味型也多，且不用豆瓣酱作调料，品种有糟辣回锅肉、干椒豆豉回锅肉、泡椒回锅肉，泡菜回锅肉、糍粑辣椒回锅肉、夹沙回锅肉、脆皮回锅肉、金香回锅肉、酢海椒回锅肉、腌菜回锅肉等十几种，各种辅料如蒜苗、香葱、芹菜、青红椒、折耳根、蕨菜、莲花白等，回锅肉里应有尽有。

流传“最广”的菜——苗族酸汤鱼

在贵州之外，一提起酸汤鱼，人们的反映几乎一致：不就是贵州凯里的苗族风味酸汤鱼吗？其实啊，酸汤鱼不仅苗家有，侗

家、水家也有，且风格不同，风味各异。当然，要正宗，还得去凯里、都匀的农家，在这些地方你可以一饱口福。

“最中听”的菜——金钩挂玉牌

一道极为普通的豆芽煮豆腐名为金钩挂玉牌，真够雅的。这美名据说是一秀才中举后考官问令尊令堂何干时，答曰：“父，肩挑金钩玉牌沿街走；母，在家两袖清风挽转乾坤献琼浆。”后来人们就将豆芽煮豆腐称为金钩挂玉牌，现已成为贵州民间最喜欢的传统菜之一。

“最美丽”的菜——葱穿排骨

谁都知道，自然界千千万万的植物均按不同季节开花结果，可我们聪慧的黔厨却让排骨开出朵朵小白花来。将特制的糖醋排骨脱骨，穿过一根大白葱头，两端用刀划开自然绽开成形。其形状之悦目，味道鲜嫩甘香，让人食欲大开。

“最怕吃”的菜——凉拌鸡血

贵州辣子鸡为一绝，凉拌鸡血更是绝上加绝。将鸡血凝固后用刀划成大块，撒上煳辣椒面等调料食之，血嫩而味酸辣，入口凉滑鲜香，顺喉而下，感觉极好。但看起来血淋淋的，就看您有没有胆量去吃了。

“最形象”的菜——刷把头

刷把头，又名烧卖，因形似刷锅用的刷把而得名，乍一看，还真像一把短短的小刷把。对了，贵州的刷把头有别于其他地方的烧卖，里边还包有贵州民族嗜食的糯米饭。

“最好吃”的菜——烧烤

烧烤，各地均有，大多是烤羊肉串之类，但贵州烧烤可有趣了，老板提供设施、食材和调味料，食客自烤自食，想生就生、想熟则熟，要辣不辣都没人管您。

“最有趣”的菜——丝娃娃

丝娃娃，形如襁褓中的婴儿。自己动手，用春卷皮卷各种蔬菜丝加调料食之，又辣又酸又香，越吃越爽。现又出现一种冬天时卖的，用热鸡汤兑成蘸水的热汤丝娃娃。

“最有人情味”的菜——恋爱豆腐果

到了贵州，不吃恋爱豆腐果就算没去过贵州。在贵州街头最多的要数烤恋爱豆腐果的摊子。据传在抗战时期，退守到大后方贵阳的人们发现这种烤豆腐别有风味，于是越来越多的青年男女常去吃烤豆腐果，联络感情，最后不少人还结为夫妻。于是，想

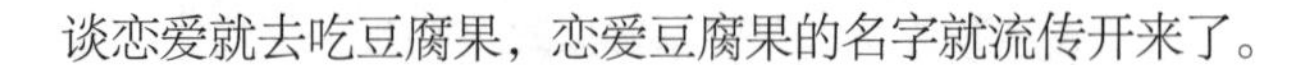

谈恋爱就去吃豆腐果，恋爱豆腐果的名字就流传开来了。

“最不讲理”的菜——米豆腐、魔芋豆腐

豆腐，人们都知道是用黄豆加工成豆浆，然后点制成的高蛋白、易于吸收的豆制品之一。而用米、魔芋制成的形如豆腐实为凉粉，但又经得起煮的食物居然也要叫豆腐，真是不讲理！

“最不划算”的菜——宫保鸡丁

宫保鸡丁是贵州人丁宝桢在家乡时最爱吃的贵州菜，后来丁宝桢先后到山东和四川做官，家厨把这道菜也带到鲁、川，通过家宴，这道菜被传到鲁、川民间和饭馆，时间一长，这两地都以为这道菜是自己的传统菜，四川甚至把它评为四川名菜。您说发明这道菜的贵州厨师划不划算？

贵州小吃的“三味”“二性”

贵州风味小吃是贵州古老与现代饮食文化内涵的具体表现。“三味”“二性”，就是贵州风味小吃典型特征的高度概括。“三味”即辣、酸、鲜三种典型地方口味；“二性”是指这一地区小吃原料的广食性和小吃品种的变异性。

贵州风味小吃中的肠旺面、雷家豆腐圆子、荷叶糍粑、片鸡粉、米豆腐、吴家油炸汤圆、太师面、遵义豆花面、遵义羊肉粉、遵义鸡蛋糕、贵阳肉饼、豆沙窝、酸菜饵块粑、酸汤水饺等先后被评为“中华名小吃”。在“澳门第二届美食节”上，丝娃娃、米豆腐、豆腐圆子、豆面汤圆、酥麻龙眼等贵州风味小吃倍受欢迎，出尽风头。在其他赛事和美食节上，贵州风味小吃之繁盛尽显风采。

“三味”的地方风格

贵州风味小吃的口味是复杂的，辣、酸、鲜、咸、甜、麻、苦及其各种复合味十分丰富，其中辣、酸、鲜三味最为突出。从口味属性来看，贵州的辣酸是一种复合味，酸辣中有咸、甜、鲜、香的一种或几种味相和。就辣而言，有鲜辣椒与干辣椒的火辣、花椒的麻辣、姜葱蒜的辛辣、酸辣椒与糟辣椒的酸辣、调酸调甜后的甜酸辣、调香调味后的香辣和咸辣等。就酸而言，主要有发酵酸、醋酸、果酸、香酸、甜酸、辣酸等多种。在许多情况下，酸与辣常常合用，两味合一，食之又酸又辣。

酸辣之食从类别看，有荤、素和荤素混合三类。荤类以鱼、猪肉、鸭肉为主，比较有名的如侗族鱼酸、肉酸、鸭酸，苗家腌鱼、辣椒骨、酸汤鱼，布依族腌骨头、腌鸭酱，遵义酸酢鱼、酸酢肉、酢辣椒，贵阳鸡辣椒，等等。其中酸鱼、酸肉即古代的“酢”。文献记载，宋以前贵州就制“酢”，具有酸、咸、香、辣、麻五味俱全的特点，是招待宾客的佳肴。其制作方法是以糯米饭、甜酒糟、米酒、烧酒、醋、精盐和辣椒、姜、葱、蒜、八角、木姜子等香辛料将鲜鱼肉腌制1～3个月后成食，贮藏时间可达一年至数年之久。素类酸食以果蔬多见，常用于腌酸的原料有木瓜、豇豆、黄瓜、青菜、姜、蒜头、辣椒、萝卜、刀豆、梨、菠萝等，具有酸、辣、甜、脆、香的特点。至于以酸辣料调制的菜肴、汤点、粉食，任意调配，变化多端。

贵州民族嗜酸好辣的饮食习性，与本地区的气候、物产、生活习惯、经济发展等因素有关。一是这里的地理气候适应辛辣作物的生长，像牛角椒、朝天椒、鸡爪椒、皱皮椒、灯笼椒、五彩椒、花椒等随处可植，制辣原料十分丰富。各种辣味调料从品质、品种到数量，无不位居全国前列。二是贵州酿醋的历史与酿酒一样久远。贵州几千年前就开始酿酒，不论是山民自酿自饮还是酒坊制售都源远流长，尤其是茅台酒的故乡遵义，自古即是我国酒的发源地和主要产地之一，而醋是酒进一步发酵氧化的产物，可以想象醋的产量之大。另外，在贵州山村民间，有多种酿酸技艺，家家户户必知必会的生活常识。这二者都为本地区嗜酸创造了条件。三是嗜好酸辣与贵州地处亚热带的高温高湿的气候环境密切相关。酸辣有刺激食欲、生津止渴、开胃消食、解困提神、杀菌防腐、除腥去膻等作用。人们生活在这一瘴热多湿地带，汗多，易疲劳困顿，饮食中调以酸辣，可解困提神和防瘴祛病。再有，山区杂粮类淀粉主食量大，酸能水解淀粉，使之变成容易消化吸收的低聚糖和单糖。因此多食用酸既可生津止渴，又可帮助消化。此外，还有习惯的因素。酸辣味重而刺激，在山区过去盐贵于金的缺盐年代，加酸辣大概是使食物食之有味的最好办法，如此日久之后便成瘾习。

凡食求鲜也是贵州风味小吃的一大风格。其饭、粥、粉食、汤品、茶食、糕点、糍粑、米粽、饼食、汤圆、面食等各类小吃，从选料、加工、调味到熟制，无不体现对鲜味的追求。所用稻米、杂粮、蔬果、禽畜、水产、肉类，皆讲究时鲜，多用姜、

葱、蒜、芫荽、木姜子等辛香料提香助鲜，并频繁使用含有大量氨基酸和蛋白质的鲜鱼、鲜肉、笋、菇、耳、菌和鲜豆芽等强化鲜味，这在粥食、汤品和粉食中尤为突出。制作工艺则以能较大限度地保鲜的煮、蒸法为多，烤、炸、烙、烧等易失鲜的烹法较少。贵州风味小吃的鲜味特征与当地的“山地饮食文化”特性密切相关。地处大山丘陵，到处充满生机，生活在这一封闭的环境里，食必求鲜的饮食心理也是适应大自然的一种平衡需求。

“二性”的区域特征

食物原料的广谱性和小吃品种的变异性也是贵州风味小吃的一个基本特征。在原料上，凡是该地区出产的可食之物，几乎无所不吃。动物食料中，畜、禽、水产、兽、蛙、鼠、蛇、蝉、虫、蚁、蝗、蛛、蚓、蝶、蛹、卵等，概可入馔，这是贵州风味小吃选料广而杂的体现。这些闻所未闻的生物，在这里成了餐中美食，用来招待贵宾，为贵州的饮食文化添加了神奇的色彩。

植物性食物中，主食以稻米为主，玉米、红薯、木薯、麦、粟、芋头、豆等为次。蔬果除栽培品种外，野生类占有一定比例，如笋、苏、耳、菇、菌、猴头、黄花等山货，桂皮、八角、小茴香、豆蔻、茱萸、香草、草果、丁香、甘草等辛香料，以及野薄荷叶、野花椒叶、折耳根、芫荽的使用亦比较频繁。直接食用野菜或在小吃中掺入野菜的例子也不少，如嫩芭蕉叶、棕树嫩蕾和石上青苔，常常被奉为桌上鲜，苗族用栎木果（橡子）做成豆腐，贵阳清明粑中加入“鼠曲草”，侗果中加入甜藤汁，等等。在这里，植物性食料比动物原料有更宽的天地，是因为贵州作为世界生物基因库而具有丰富和优越的食物资源的缘故。

贵州风味小吃品种的变异性表现在原料交叠组合、工艺变更、调味出新和品种多异等方面。在原料使用方面，主料变化不多，但是辅料与调料的更迭交错和多向组合，使品种变化无穷。粉食和饭粥之食，所用的稻米物料不变，但通过丰富的辅料和调料的配制，使用不同的加工烹制方法，能变换出百种千样的小吃品种，其他如米粽、糕点、糍粑的演变亦如此。以粽子为例，通过改变馅心、造型和包叶，就有排骨粽子、灰粽子、枕头粽子等几十种之多。在工艺方面，小吃历来做有章法，变无规矩。厨师按照人们的尚食习惯和自身经验随心所欲地制作，这也正是小吃能应时随季、因地因人而异的原因所在。近年来，由于贵州旅游经济的发展，有相当一部分的民族饮食走出深山森林而进入市场，为适应市场需求，在加工、调味、熟制、造型、装饰工艺方面都作了必要的改进和提高。如侗族的鱼酸，刚出来时几乎无人问津，但经过调味、整形、装饰处理后再推向市场，竟食客如云。这种挖掘于民间之食经过改良优化后而成名吃的做法很普遍，是小吃变异的一大特点。

贵州风味小吃的变异性还体现着一个“异”字，异即有与众不同和怪异之意，主要表现在用料、口味、色彩、食俗等方面的差异性。这正是贵州风味小吃的区域个性和风格所在。

传统家宴的传承与变迁

年复一年，春节又悄无声息的临近，故乡村落里，混着熏腊肉、熏香肠、熬猪油的炊烟，夹裹着泥土的气息，一路弥散在急匆匆地提着大包小包赶回家团圆的游子脚下，抑或钻进鼓鼓的行囊中，搭在已经驼背的老人背上，一路四散，向着城镇飘去。

“有钱无钱，回家过年”，最大的家宴，就是年夜饭。人们一生中最难忘的是奶奶的味道、外婆的味道、妈妈的味道。严格说来是家的味道，家宴的味道，年夜饭团圆的味道。我清晰地记得奶奶和外婆的家宴、妈妈的家宴和我在家乡与第二故乡每一次烹制的家宴。

外婆和奶奶擅于烹制腊味，炒菜讲求滋润，妈妈做菜，追求香辣融合。在她们的时代，物资相对匮乏，多肉、重油就是高标准的特色。我自幼爱好烹饪，从小跟随外婆、奶奶和妈妈做辣椒酱、糟辣椒、鲊辣椒、干菜坛子菜、腌腊肉、油底肉和一切能自己制作的调味料。还总是偷偷跟着外公、舅舅和表哥们杀年猪、宰牛羊、做乡宴，偷学了不少专业烹饪技术，后来不顾一切的学习烹饪专业，以厨师为业，再走文化和教育之路。40年厨艺人生，再冠上烹饪世家的头衔，我越来越感觉烹饪真谛是在行业厨师以加法为荣时，走减法烹饪之路，用专业的技艺，将食材本身的特性发挥到淋漓尽致，回归生态，健康饮食。

儿时的黔北坨坨肉，干笋子烧大块牛肉，还有大米玉米混合制作的“金裹银”主食，吃得满口流油，回味无穷；切片的鲜肉、熟肉、腊肉裹上一层蛋液制作的蛋酥肉，酥香蛋香肉香，抑或焦香、抑或油润口腔，犹如加花生米般，一筷接着一筷往嘴里送。

而如今人们生活水平提升了，特别是不缺油水的当下，人们更倾向于定好家宴主题和主菜，选择好食材、好调料，将原料分解，通过已知或现场查询食材性质，选择健康的烹饪技术加工。从蒸鸡到大块炒制，再到去骨烹制，简单的糍粑辣椒、甜面酱和蒜苗辅香，就是贵州宫保鸡最大的特色；将以往用于烧和炖的牛腩，生切成片，用糟辣椒泡仔姜切片快炒，制成干锅，犹如泡椒板筋般的脆嫩酸爽，牛肉香醇滋糯，佐酒下饭不亦乐乎；炖排骨，如果与绿豆炖到绿豆开花、排骨离骨，再加老南瓜、折

耳根、荸荠一锅煨炖，只需加些毛毛盐，便汤浓醇厚，清香扑鼻，营养健康；将传统的腌腊制品和时令鲜蔬小盘小蝶围上一圈，色香味俱全，家宴氛围欢快热烈，食材健康营养又不失传统家风。

奇人江显武和他的新派黔菜

江显武先生的一生，务过农，教过书，种过菜，做过生意。因为倒写书法获得上海大世界吉尼斯纪录，并一直保持，受邀多家电视台和报纸杂志专访，同时作为中国黔菜烹饪名师和中国厨艺绝技表演团成员，多次受邀表演，还得到北京中国大饭店、北京五洲皇冠国际酒店、兰州长江大酒店等邀请，分别举办为期一个月的贵州美食节，为他们带去奇异多彩的黔菜美味。在中国大饭店贵州美食节，江先生带去了具有贵州特色的10余道菜，经过一个月的言传身教，中国大饭店的厨师也学会了这些黔菜的制作方法，全部入选该饭店的菜谱，征服了酒店，征服了中外来宾。

江先生青年时步入军营，一待就是七年，从小喜爱烹调和

书法的他有机会走进炊事班，还被选派学习厨艺近一年，退伍后回到素有遵义美食之乡、因豆腐皮和甜酸羊肉久负盛名的尚嵇镇，半年的务农生涯后，江先生在当地做了六年教师，小学数学、初中语文都教过，也当过校长。期间为了应对淘气的学生在老师板书时搞小动作，他创造了背对黑板书写的绝技，后苦练成就了倒写书法；为了一年一度的小学升初中毕业班的学生聚餐，江先生会亲自下厨做上满满一桌的菜，也组织同学们在学校空地里种菜，每年毕业班会餐的资金都源于平时卖菜所得的钱。江先生非常喜爱看书读报，从报纸上收集一些关于种植的信息，开始研究农业科技新品种。从外地引进了白菜、冻菌、莲花白等蔬菜新品种，一棵白菜长到10千克，一个冻菌有1900克，一个辣椒250克重，江显武一度得名“江大白菜”“江冻菌”。此后，他又走南闯北，干起了个体生意，做过药材、烤烟、手表、蹄筋等各种各样的生意，直到后来一心一意做烹饪工作。

江先生精通正楷、草书、行书、隶书、篆书、魏书、宋书以及自创梅花体等8种字体，不仅能正常姿势书写，还能背书、反书、倒书、倒指双钩、蒙眼倒、反书，甚至牌写、菜刀写、锅铲写，他都可以写。江先生现为中国书画印研究会会员，已到过全国20多个省市进行绝技书法表演。绝技书法作品已被美国、加拿大、新加坡以及国内20多个省市书法爱好者收藏。2007年10月，江显武参加贵州“百灵杯”才艺大赛，其反书和蒙眼倒书荣获遵义赛区第一名，进入全省总决赛，获得“奇人奖”。

江显武与新派黔菜

比起书法，江显武还有两手更加奇特的绝活，一是用手伸进200℃高温的油锅中捞豆腐干，二是用手替代“锅铲”炒菜。用江先生自己的话说就是“不干则罢，干就干出名堂来。”

出生在尚稽泸江村的江显武，入伍参军后由于部队缺乏烹饪专业人才，表现出色的江先生就被派到当时的云南省外宾招待所学习烹饪技术，通过近一年的学习，江先生掌起勺来得心应手，返回部队后，被任命为团部炊事班长，专门负责团队领导的伙食。某一年的“八一”节时，部队安排会餐，为了给大伙改善一下伙食，江先生与战友在油锅里炸酥肉，可酥肉炸好了，才发现没有捞肉的漏勺。“部队难得吃回肉，要是炸煳了，那该多可惜啊!”情急之下，他将手伸进温度高达200℃的油锅中，捞起一块酥肉。江先生的手还是好端端的，一点也没烫伤，于是，他用两只手把锅里的几十个酥肉都捞了起来。之后，战友们常常缠着江先生，要看他表演油锅捞物，慢慢地，捞豆腐，捞花生米等，对江先生来说，都不在话下。“一粒一粒的花生米，要捞起来，难度最大。”江先生这样说。不过，江先生还是能一次捞出半斤来，后来又练出了用手在锅里炒菜的绝活。

江先生退伍后回到了尚稽，农村办酒席的时候，他时不时也会“露一手”。江显武能用手从油锅中捞东西的事一经传开，周围的人觉得不可思议，一时间议论纷纷。有人说他会气功，有人说他被施了法，不过，更多的是为他的绝技而叫好，越来越多的人慕名而来，拎着礼品登门拜访，想要拜他为师。考虑到这个绝活存在一定危险性，江先生本不打算收徒弟，可有一次，见来者诚心、厚道，他便收为徒弟，开始让其在油锅中练习，可练习了一个多月，徒弟的双手被烫得红肿，见状，江显武很不忍心，没敢再教下去。

2006年，江显武参加了全国厨艺大赛，一举夺得最佳厨艺奖。就在当年，中国烹饪协会组建了中国厨艺表演团，巡回各地进行表演，江显武被选入该团。除了绝技表演，也将黔菜推向了北京和甘肃。后来，江显武在遵义创办了规模相当大的“味道私房菜”，在对外经营的同时，开始培训黔菜厨师。他说，这是他改良黔菜的试验田，也是他推介黔菜的窗口。

如今，江先生忙于自己店里的事，也少出去表演，加上年龄逐步增大，只在本地做些表演性教学。后来，他干脆沉下心来，将自己几十年来的领悟和掌握的烹饪知识与从业经验汇编成书，出版了《江氏新派黔菜》，介绍了黔菜的制作方法和技巧。江显武的书将贵州各地民族民间风味按照江先生自己的烹饪手法，一一展现出来，既作为江氏新派黔菜的推广，也为黔菜的振兴和崛起贡献了自己的力量。

第二篇 枢纽环线

枢纽环线铁路于2022年3月开通，连接渝贵、沪昆、贵广、成贵等7条铁路干线，形成以贵阳为中心，辐射周边重要地区的『一环七射』枢纽格局。

辣子鸡，鸡辣子

不吃辣子鸡，等于没到过贵阳，没到过贵州。

辣子鸡是最能体现贵州辣椒辣而香的个性的，因为制作过程独具特色，辣椒与鸡肉一起炒熟，辣椒的香味渗透到鸡肉里，鸡肉的汁水融入了辣椒，两种味道互相交融，但口感上却有明显的区别，而其他省市的辣子鸡，就很难达到辣味与鸡味交融而又各有体现的效果。因而贵州辣子鸡能吸引那么多的外地人，也就不足为奇了。

辣子鸡是贵州的传统家常名菜，几乎每家的主妇都会烧辣子鸡，味道各有千秋。辣子鸡成名于息烽阳朗。阳朗，不是专指一个村，而是附近一整个片区，位于距贵阳76千米处，坐落于全国爱国主义教育基地息烽集中营旁，游客到集中营参观必经此地，美食因文化而增香。随着贵州高速路的建成，辣子鸡商家大多又集中到了高速路进出口一带。息烽县为此单独成立了息烽辣子鸡商会。贵州知名的辣子鸡有贵阳十大名菜之一、息烽十大名菜之首的息烽阳朗辣子鸡（两家代表店为黄南武和叶老大辣子鸡连锁企业），光息烽县境内就有24家阳朗辣子鸡店；还有体现老贵阳风格的龙洞堡龙大哥和大掌柜两家连锁辣子鸡企业；滇黔线上的茨冲辣子鸡；走出省外开设分店的兴关路青椒童子鸡，等等。

对了，贵阳街头还有专门为那些省事的家庭主妇炒制各种辣子鸡的摊档，动作快，味家常，炒好打包回家直接食用，吃完肉，加汤煮火锅。你别小看这些摊档，摊档面前经常会排起长龙等候，这也算是一道奇观。

“贵州人有一怪，辣椒也是菜”。贵州菜的主要特点是香辣酸突出，即使是水饺这类常食，都离不开煳辣椒面蘸水。人们日常食用的酸、辣料，皆有食品厂生产的多种品牌。花溪鸡辣子，用的是人们常说鸡辣角（当地人所说的鸡辣椒），将干辣椒微煮后，用石钵舂成像糍粑那样的辣椒泥末，再加入大蒜和老姜舂成茸，与仔公鸡一起烹调的小吃。贵州过年有烧辣子鸡的习惯，这一点在其他地方少见。贵州辣子鸡可冷吃，也可热吃，前者称冷吃鸡辣椒。鸡辣椒作为小吃，可作下酒送饭的菜肴，或拌入面食中作佐食，或作调味料使用，十分方便。

豆腐圆子和恋爱豆腐果

到贵阳，必吃豆腐圆子和恋爱豆腐果。

赢得芳香四方溢，白玉入油壳似金。煮豆燃萁千年事，隔桌呼酒忆古今。金豆入磨转蟹黄，坡仙知味流涎长。俯见维雉牵衣儿，指说雷家圆子香。

这首未名诗，对贵阳雷家豆腐圆子的赞誉可谓淋漓尽致。豆腐圆子最初由谁创制已难寻考，只知道经雷家四代相传，工艺屡经改进，是深受广大群众喜爱的贵州地方风味小吃，曾被评为首届中华名小吃。

如今贵阳的豆腐圆子专卖店遍布大街小巷，零散摊点更是难以计数。此食在国内不少城市设的贵州菜馆中，皆列为贵州特色小吃。

豆腐圆子形状扁圆如鸡蛋或圆球，外壳褐黄，质酥脆细嫩，入口飒飒脆响，内瓤洁白，五香料之鲜香四溢，蘸汁吃更显味美。

有兴趣制作的，可将精盐、碱、花椒面、五香粉放入盛豆腐的盆中，用手使劲揉茸，至带黏性，加少部分葱花拌匀如泥。揉成茸的豆腐泥，用三个指头轻轻捏拢成团，用食指、无名指并拢轻轻压扁，摆于盘中，每个重20~30克。净锅上火，下油烧热至五六成油温，分批放入圆子，炸成褐黄色，起锅热食。食用时，将圆子用竹刀划一刀口，填入用煳辣椒面、酱油、香油、胡椒粉、味精、折耳根末、葱花兑成的蘸汁蘸食，也可拌食。圆子还可以做汤菜，将圆子一剖为四，在汤菜快起锅时倒入，片刻起锅即成。

黄豆经淘洗、浸泡、滤浆、烧浆、点酸汤、凝固等工序，可制成酸汤豆腐。制作过程中黄豆浸泡6小时（冬天浸泡12小时），换清水磨浆，放适量生菜籽油脚渣滤浆，去除豆腥味，用酸汤作凝固剂，使豆腐洁白、细嫩、清香。石膏豆腐有涩味，在此不宜使用。在捏制圆子时，用力不宜过大，否则壳不脆，质不匀。

恋爱豆腐果又名烤豆腐果，是贵阳地方小吃中的一朵奇葩，以其独特的风味和极富传奇的历史，吸引成千上万的食客。

抗战期间，贵阳是西南后方重镇之一。1939年2月4日，贵

阳被轰炸后，全城警报频传，跑警报的一些青年男女，常相聚在当时经营烤豆腐果的张华丰夫妇的店里以避空袭。日子久了，其中还真有不少因此成眷属的，成为当时街谈巷议的佳话。于是烤豆腐果便有了“恋爱豆腐果”的美称。

据说，这种豆腐果为张华丰夫妇在偶然中创制。在盛夏的一天，张氏夫妇发现他们未卖完的豆腐很快变质，为减少损失，他把豆腐切成小块，用火烘烤至半干，加入调料稍作加热处理，没想到别有风味，将之卖与顾客，竟深受好评。张氏于是再对工艺进行完善，形成当今仍在使用的恋爱豆腐果的制作工艺。时光飞逝几十年，恋爱豆腐果风味依旧，成为贵州人食之最爱。

制作恋爱豆腐果，是将豆腐划切成约2厘米×3厘米×5厘米的块状，入碱水发酵。灶内点燃锯木屑，上置铁网，将发酵的豆腐块置铁网上两面烘烤。调煳辣椒面、精盐、酱油、香油、姜末、葱花、折耳根末、味精等为蘸料。烤至松泡鼓胀的豆腐果划破一边表皮，灌入蘸料即可食用。

发酵时碱水不宜太浓，发酵至有些臭时为宜，此为技术关键，发酵未熟，风味未成；发酵过度，恶臭难食，乃至不可食用。烤时可用木炭，但火不宜大。味料中还可加入酥黄豆、芫荽等调辅料。

恋爱豆腐果成品表皮微黄，体内洁白，薄皮松泡鼓起，口感细嫩欲滴，具煳辣椒面浓郁辣香。食时辣、香、嫩、烫兼具，令人食欲大振。

如今，在贵州省各地市州，均可见恋爱豆腐果摊点，在地方的各类宴席中，也经常可见恋爱豆腐果的身影。

青岩古镇状元蹄

一夜梦醒，发现自己的配枪神秘失踪了！于是马山沿着青石板路开始了一段寻枪之路……一部《寻枪》，让我们知道了青岩。

青岩，本是山名，因山崖呈现黛青色，故名“青崖”，现称为“青岩”，其位于“高原名珠”“中国第一爱河”花溪国家级风景名胜区南部。已有六百余年历史的贵州文化古镇青岩，居住着汉族、苗族、布依族等民族，风景秀丽、物产丰富、民族和睦、民俗浓郁。到青岩，既可以领略田园风光，参观古镇的寺、庙、阁、祠、院、宫、楼、堂、府、牌坊及新旧城墙等，又可欣赏苗族、布依族的艺术表演，品尝青岩古镇独特的传统佳肴。

青岩古镇传统佳肴始于五百年前，当时青岩地处贵阳至惠水和云南、广西交通要道，各地商贾云集，文化、经济繁盛，商贾们不仅带来了各地商品，还带来了各种特色菜肴。本地厨师取长补短，融和本地口味，创造了集川、黔、湘、粤、苏等菜系风味于一体的独特古镇传统菜肴：宫保鸡、八宝饭、盐菜肉、炸羊尾、夹沙扣肉、小米渣、泥卷、香脆花生等。此外还有灌汤八宝饭、卤猪脚、菜汁米豆腐、鸡辣椒、青岩恋爱豆腐果等名小吃。近年来，旅游发展带动了相关产业的发展，尤其是烹饪特色原料，如盐酸菜、血肠、血豆腐、阴辣椒、阴苞谷、香辣脆、干豆腐、豆腐果、干腌菜、干土豆、干花菜、干黄花、干蕨菜和双花醋、玫瑰糖等，让游客品完美食还可以带着原料回去自己亲手制作。一些餐饮业发达的省区，时常派菜品开发人员前来考察和寻找原辅料，回去改造成创新特色菜肴。据笔者了解，从青岩购买原料后，四川、重庆和辽宁等地创制出了干黄花蒸排骨、干莲白炖土鸡、干土豆片夹火腿、干莲白回锅肉等系列菜品。如有机会，你可以去尝尝哦。

状元蹄，即卤猪脚，又名古镇猪脚。相传清朝时期，青岩举人赵以炯为上京赴考，常温习功课至深夜。一日，忽觉肚中饥饿，便信步走到北门街一夜市食摊，点上两盘卤猪脚作为夜宵，食后对其味赞不绝口。摊主上前道："贺喜少爷。"赵问："何来之喜?"摊主不失时机道："少爷，您吃了这猪脚，定能金榜题名，'蹄'与'题'同音，好兆头，好兆头啊。"赵听后一笑，不以为然。不日，上京赴考，果真金榜题名，高中状元。回家祭祖时，赵重礼相谢摊主。此后，卤猪脚便被誉为"状元蹄"，成为赵府名食，后经历代家厨相传至今。

制此状元蹄，需选农村饲养一年左右的猪之蹄，加入十余种名贵中药，经文火温煨，精心卤制，吃时再辅以青岩特产的双花醋调制蘸汁，入口肥而不腻，糯香滋润，酸辣味美。凡到古镇游览者皆以品尝此蹄为快，并对此美味赞不绝口。如今，“游青岩古地，品青岩美蹄”，已成为当地的一种旅游文化现象。

贵阳肠旺面

人人皆知的贵阳肠旺面，深受百姓的喜爱。作为贵州极负盛名和早起必吃的贵阳特色小吃肠旺面，有山西刀削面的刀法，兰州拉面的劲道，四川担担面的滋润，武汉热干面的醇香，以色、香、味“三绝”而著称，具有血嫩、面脆、辣香、汤鲜的风味和口感。

肠旺面要做到辣椒辣而不燥、红而不辣、油而不腻、脆而不生，必须在红油和油辣椒上下功夫，即制作三合油、三合辣。制作好了这两种原料，肠旺面质量就保证了一大半，制作成本也会降低很多。

先来说说三合油。在制作肠旺面臊子过程中，会产生大量的脆臊（贵州当地人亦称脆哨）油和猪大肠油，这都属于脂类，一般人不会想到用其来制作红油，是担心其脂凝不化。其实，如果

采用制熟的菜籽油与脆臊油、大肠油按照4：3：3的比例制作红油，成品味道更香，成本自然也会降低很多，也避免了肠油的浪费。

再说三合辣，肠旺面需要红油和油辣椒的辣味。根据经验，取香味十足的花溪辣椒和辣香味浓的遵义辣椒、肉厚有嚼头的大方皱皮辣椒同样按照4：3：3的比例制作红油和油辣椒，成品香辣适度、口感极佳、味道香醇。

据资料显示，肠旺面、肠旺粉在贵阳出现始于晚清，至今已有一百多年历史。肠旺面由何人创制，说法较多，已无法考证。但是说起肠旺面的吃法，确是让“老贵阳”们久久回味的。这里，主要为大家介绍肠旺面的三种传统吃法。

传说，清末至中华人民共和国成立前，贵阳城区主要以现在的中华路为主。北门桥、六广门和南门桥的肠旺面最为有名，但吃法各有所长。

首先说说北门桥的油条佐餐肠旺面。当年的北门桥是集市，在这里卖猪肉的总是剩下猪血旺、猪大肠和槽头肉，肉摊老板突发奇想用其制作肠旺面，很多食客为了填饱肚子还要吃上一根油条。

与此同时，六广门片区肠旺面的经营者为了满足周边食客的需要，一改北门桥油条佐餐肠旺面的传统，用精制脆臊，辅以餐馆头天煮米饭剩下的锅巴饭，垫于肠旺面底。既解了油腻，又丰富了食物内容，很快受到附近居民的喜爱。

我们再来说说南门桥的豆沙窝佐餐肠旺面。当时，南门桥开设肠旺面店，不如北门桥有原料优势，就常用豆腐炸成泡后再用汤浸泡，做成类似脆臊的泡臊，这样吃起来自然不及北门桥的油腻，而且南门桥的食客形成了吃肠旺面时外加一个豆沙窝的习惯。

贵阳丝娃娃

丝娃娃别名素春卷，是一种贵阳街头常见的小吃。乍听这名字，真吓人一跳，如同《西游记》中唐僧面对高徒拿来娃娃状的长生果大喊：罪过，罪过！丝娃娃因其形状上大下小犹如裹在襁褓中的婴儿，故名。“襁褓”是用大米面粉烙成的薄饼，薄薄如纸却有一只手掌那么大。再卷入萝卜丝、折耳根、海带丝、黄瓜丝、粉丝、腌萝卜、炸黄豆等。在吃的时候，当然少不了注入酸酸辣辣的汁液。而这汁液是决定味道的精髓，每家都有自己的独门绝招。

丝娃娃价格便宜，口感优良，备受欢迎。贵阳市众多丝娃娃小食摊沿街而摆，颇具特色，每个摊拉得较长，一溜排的小凳子。摊位上摆满了各种各样的菜丝，有一二十个品种。菜丝切得极细，红、白、黄、黑等各种色彩相间，十分漂亮。摊主会在食客面前摆一小碟薄饼和一碗当地口味的调料，让食客兑料。外软里脆，酸辣可口，别有一番风味。

如今丝娃娃也登入了大雅之堂，婚嫁喜礼中也上了酒桌，是弘扬地方文化还是取其意头——娃娃，就不得而知了。素菜脆嫩，酸辣爽口，在入口的瞬间一股清凉沁入心脾，令人无比舒畅。

丝娃娃按面皮分有传统丝娃娃、富贵丝娃娃；按馅心分有银芽丝娃娃、腌菜丝娃娃、瓜丝娃娃、荤丝娃娃等。

丝娃娃的制作简单中难度不小，面粉加水（水与面粉比例为1∶6），盐少许，平锅烧热刷油、擦干，然后左手抓起面团甩圆并向锅底杵一下成为直径为9厘米的圆薄皮时，右手立即把圆形面皮揭起，这样制作数十张春卷皮，放入蒸笼稍蒸一下使其回软，便于包食。有的家庭制作薄皮饼时会使用电熨斗，把面团杵放在熨斗底部一下就可以弄出一张。再将绿豆芽、海带丝、芹菜节、蕨菜节用开水氽烫。丰富的材料可以摆几十个盘子，有凉面、粉丝、酸藠头、酸萝卜丝、胡萝卜丝、脆哨、折耳根、莴笋丝、黄瓜丝，等等。小碗内放入酱油、醋、味精、麻油、姜末、葱花、煳辣椒兑成汁。春卷皮中放入各种素菜丝包成上大下小的兜形，放入酥黄豆，浇淋兑好的辣椒汁即成。

丝娃娃正确的吃法是应该每样东西都放点，尽可能种类繁多，但不要装满，然后精心地把它们包起来。是的，具体的包法

就跟包婴儿一样，下面的“被子”要叠上去，上面还要有个“被角”立起来，这样包完后还能放上少许蔬菜而不会塌下来。包好后，你再优雅地拿起小勺舀一些各家配置的秘方，从娃娃头顶浇灌下来，如此一来，秘方就会贯穿整个娃娃，咀嚼起来清脆可口、味道复杂、麻辣怡人。吃相比较好的是一口吞下，进嘴后闭着嘴慢慢咀嚼。吃相狼狈的就是一口下去，娃娃一半在嘴里，一半在外面，手中剩下的残皮剩菜一塌糊涂，也的确令人有些尴尬。

游王学圣地，品扎佐蹄髈

距离贵阳仅38千米的修文，地处黔中腹地，被中外研究王阳明心学的专家学者称为“王学圣地”。公元1506年，明代著名哲学家王阳明被贬谪到贵州龙场（即今修文县）作驿丞，于此“龙场悟道”。王阳明在这里格物致知，创立“知行合一”学说，并创办书院传播文化，提升贵州文明。

修文有贵阳八大景之一的阳明洞，位于修文县城东北1.5千米的龙冈山腰，龙冈山林木葱郁，山麓绿水绕田。山上有阳明洞、何陋轩、君子亭、王文成公祠等。修文还有玩易窝、三人坟、古驿道、天生桥等具有代表性的人文景观，融山、水、洞、瀑为一体，兼有三峡之雄、漓江之秀的六广河大峡谷风光。此外还有潮涨潮落的间歇泉三潮水，回水、高枧的绿色石林，适合漂流、探险、休闲度假的桃源河生态旅游区等。

到修文旅游，体会“龙场悟道”，思考“知行合一”，说到吃的，若不吃扎佐蹄髈火锅，会让你遗憾不少。2001年，笔者前去旅游，想看看阳明文化的点点滴滴，顺便品尝扎佐蹄髈，结果下车后连走几家餐馆都被告知，还没做好，请到别家去吃。原因是扎佐蹄髈需要蒸制8小时以上，而他们才蒸了不到6小时。

后来再次专程前往修文，重游阳明洞，吸取了上次在县城的教训，观游过阳明洞的美景，浏览了新老县城的变化后，就直接前往贵遵、贵毕高等级公路交会处的扎佐镇，去品尝闻名于世的扎佐蹄髈火锅。

扎佐蹄髈，是修文扎佐镇的传统名菜。此菜制作看似不难，实际却有些讲究，要做到皮脆而香糯不烂，肥肉入口不腻而形整，瘦肉细嫩无渣而不柴，火锅辅料清香而乡土味浓郁。笔者运用比较专业的烹调技艺，对此菜调整后试做了几次，均获成功。

将新鲜猪蹄髈（肘子）在煤火或者电炉火上烧至色黄、皮焦，再用热水浸泡，刮洗干净，入沸水锅中，加老姜、大葱和料酒煮至皮紧，除去血沫，取出后趁热在皮上抹甜酒汁或糖色、酱油等，略干后下七成热油锅中炸至皮焦黄、略起泡，装入盆内，放些香葱、大蒜、八角等，连盆一起放入甑子或者蒸笼中，大火蒸至上汽，中火蒸8小时即可连盆取出，有条件的酒楼或者家庭，改蒸制器具为盗汗锅更佳。另起锅炒香本地酸菜，连蹄髈带汤汁倒入，煮至入味，最后放入垫有黄豆芽的火锅盆中，上火煮食。当然，要吃正宗的扎佐蹄髈，最好还是去扎佐或者修文县城。

除了扎佐蹄髈，修文的乡土菜肴风味也很棒。近年来，修文阳明宴研究会和修文县相关单位及餐饮企业，将传统菜肴与阳明著作或民间遗留下来的相关资料相结合，研发出了扎佐蹄髈、幽竹劲节、红云娇客、玉盏春光、瑞鸟朝阳、六广河鲇鱼、荒原野烧、骗鸡豆腐、西山蕨菜、炒野菌、清炖鹅汤、酸菜洋芋汤这十二道主菜，另有米饭或苞谷饭为主食，配有席间小吃野菜饺子、龙场小包子和阳明宴酒、六屯高峰苔尖茶、六广河猕猴桃，组成具有地方饮食文化特色的宴席。

看来，游修文，也是走进了食修文的另一种旅游境界了。

第三篇

沪昆高铁湘黔线

中国『八纵八横』高速铁路网中的沪昆高铁贵州段横跨贵州东西两端，西起六盘水盘州市，东至铜仁市，途径安顺、贵阳、黔东南等省内重要州市。

锦江河畔鱼飘香

铜仁干锅鲤鱼、石锅炖角角鱼、凯里酸汤鱼、剑河温泉鱼、贵阳肠旺鱼、独山盐酸干烧鱼、湖南剁椒鱼、湘西烤鱼、重庆肥肠鱼、四川火锅鱼……铜仁火车站附近集中了黔渝湘川等风味的餐馆足有五六十家，不论店名是否叫作“鱼庄”“鱼馆”，清一色的都有自己独特风味的鱼肴鱼火锅。

笔者在前往铜仁美食采风期间，重新认识了新的美食。下了火车，本来计划前往松桃苗族自治县去看看苗族美食，沿着锦江河畔走了不到2千米，就坚持不住了，直接叫中巴车停车，没来得及提出是否可以退票，就下车了，虽然气候炎热，还是饶有兴致地查看店家一道一道的招牌菜，虽然店名各具风格，但店名下面必有鱼肴作为主营的提示，缘中园肠旺鱼、剑河角角鱼庄直截了当进入主题，凯里人家自然是以经营酸汤鱼为主的，万山鹅肉馆、湘西风味馆等表面上与鱼无关，其实都是以锦江鱼为主，还创出了鹅汤鱼等美味佳肴。

凯里人家是凯里的大厨前去开的店，完全带去了黔东南的民族风味；缘中园肠旺鱼曾经是做重庆肥肠鱼的，后来得到高人指点，前往贵阳学习肠旺面技术，回去后将肥肠鱼与肠旺面糅合成了肠旺鱼；此时一墙之隔的鹅肉馆，也推出了鹅汤鱼。

值得一提的是干锅鲤鱼。干锅，在贵州并不陌生，品种繁多，风格各异，但干锅鲜鱼并不多见，要将细嫩而又刺多的鱼肉变成干香滋润、回味无穷的干锅？其实做法也并不难，制作时，将鲤鱼初加工后洗净，小鲤鱼在鱼背剞一字花刀，如是大鲤鱼，则砍成大块，均需用盐、料酒、姜、葱码味，放入油锅中高油温将鱼炸至皮发硬、金黄时捞出；锅中留油，放姜、蒜、糍粑辣椒、豆瓣炒香上色，加猪肥瘦肉粒、鱼、胡椒粉、酱油、料酒和少量鲜汤烧入味，将鱼装入火锅内带火上桌。

在众多的美食街中，锦江河畔清水塘的主题较为明确，居住在黔渝湘三省之交的铜仁人，真是口福不浅，值得慢慢品味，不像我等过客，虽为美食而去，却来不及一一品味锦江河畔的种种鱼香。

酸食凯里

凯里，黔东南苗族侗族自治州首府，位于贵州东部，东西长51.7千米，南北宽44.3千米，总面积1306平方千米。居住有苗族、汉族、侗族等民族。饮食文化异彩纷呈，饮食生活独具特色。

气候干燥食为盐，气候湿热食为甜，气候潮湿食为辣。同为吃辣，湘、贵、川又各有妙趣，有所谓的“不怕辣、怕不辣、辣不怕”的戏说。具体而言，湖南是鲜辣，贵州是酸辣，四川是麻辣。凯里又与贵州其他地区不一样，强调的是“酸”，而其他地区则突出“辣”。

凯里是“吃酸”的故乡。“三天不吃酸，走路打蹿蹿”，道出了凯里酸食文化的特色和风格。在凯里，男女老少，都有“嗜

酸”的爱好。在凯里，无论日常生活，还是家宴或红、白喜事宴会，酸食无处不在。

“除油盐无贵味”，历史上，凯里地区严重缺盐，只得用酸与辣来调味，可见酸食习俗实非偶然，它是地理环境、气候条件、物产资料及人的生理需要等多种因素综合的产物。凯里地区气候潮湿，多烟瘴，流行腹泻、痢疾等疾病，嗜酸不但可以提高食欲，还可以帮助消化和止泻。也因如此，每家每户都少不了有几个酸坛子：酸水坛、醋水坛、奄莱坛、腌鱼坛、腌肉坛，还流传着“三月腌菜，八月腌鱼，正月腌肉”和“坛不下，菜不烂”等关于酸食的腌制季节和保存方法的俗语。由于历史和地理环境的原因，凯里人民在长期的生产和生活实践中，创造了自己不同于其他地区吃酸的独有风格和制作工艺，形成了具有鲜明个性的“酸食文化”，仅酸的制作就有数十种不同的工艺。

酸食有防病健胃之药用，酸食有除惑提神之功效，酸食有防腐保鲜之功能。凯里长寿者与总人口之比居全国前列，这也许与当地人“吃酸”有关。1988年，在加拿大温哥华，一群记者采访世界老年长跑冠军——黔东南运动员李发品老人，问到能创造世界老年长跑纪录的秘诀是什么时，李发品老人答道：“我要是能吃上家乡的酸菜，跑得还要快。”可谓是妙语惊人。

如今，酸食这一具有凯里民族特色的传统食俗，越来越受到人们的青睐。酸汤鱼、腌鱼、腌肉、酸汤鸡、酸汤猪脚、三合一酸汤、四合一酸汤……有的落户京城，有的飞进国宴，有的漂洋过海，更多的被移入宾馆、酒店，凡是到贵州的中外游客，大多都点名要吃正宗凯里酸汤鱼。

寻味剑河

曾经获得“全国十佳休闲度假旅游胜地”“中国十佳温泉旅游目的地”“中国民间文化艺术之乡”“中国最美风景县”荣誉称号的剑河县，位于贵州省黔东南苗族侗族自治州中部，旅游资源丰富，现有4A级旅游景区1个，3A级旅游景区4个，苗侗特色民族文化村寨100余个，苗族飞歌、多声部情歌、剑河锡绣等国家级非遗保护项目6项，有苗族水鼓舞、苗族招龙等省级非遗保护项目14项。有理化指标可与世界名泉法国维稀温泉相媲美的苗疆圣水“剑河温泉”，有全国第11个、贵州第1个反映地球环境重大变化的地质学“金钉子”——八郎寒武纪古生物化石群，还有贵州省面积最大、生物多样性保存最完好的百里原始阔叶林“仰阿莎森林公园”。

剑河县不仅有仰阿莎湖景区、剑河桂花村、剑河温泉大池、

革东古生化石物自然保护区、剑河温泉、老山界风景区、百里原始阔叶林景区、青山界、磻溪瀑布、剑河南加“例定千秋”碑等，还有地域特色明显、文化内涵丰富、社会知名度和综合影响力较高的原创地方特色菜品，如剑河笋酱红粉、剑河酸汤鱼、剑河牛羊肉等，树立起了剑河菜的新标杆，也有仰阿莎脆皮油渣、革东五彩饭、岑松鸡稀饭、柳川豆腐笋、久仰朝天椒野菜烧鱼、太拥腌笋冷水鱼、南哨牛羊瘪、南加白切剑白香猪，观么腊肉香肠血豆腐、敏洞米炖菜、磻溪牛瘪汤、南明腌鸭等乡镇美食。剑河县城的星级酒店也开发了药膳七大菇田鱼、苗乡圣水精致冷菜冷拼等菜式，助推剑河菌业、药业、渔业的生态发展，助力剑河乡村振兴，推动剑河地标菜从村寨菜、景区菜、乡镇菜向县菜、州菜、省菜、国菜发展。

寻味剑河，就是要寻找剑河的地标菜，寻味乡镇村寨和县域酒店餐饮业及出山剑河菜企业，有利于酒店、酒楼、农家乐和客栈家庭式餐饮服务人员参照标准制作菜品，有利于规范地方宴席制作流程，实现以“养胃”助推“养身”“养眼”“养生”的旅游目的，有助于推动旅游餐饮业的有序发展，让“地标菜”与“温泉”“传统村落全域旅游”一起，成为剑河旅游新名片。

酸剑河，鲜剑河，好吃在剑河

剑河是贵州最大的水库移民县，有国内三大名泉的苗乡圣水剑河温泉和88米高的仰阿莎雕像。

寻味贵州20年，我多次到过剑河县，之前我对剑河的印象停留在清水江边酸汤鱼馆的剑河酸汤鱼、油酥鱼鳞和鲊辣粑、鲊辣汤，以及浓稠却不黏腻的汤中的笋蕨和萝卜菜苗。后来，因工作需要，我两次到脱贫攻坚服务地剑河购买剑河猪肉和大米。转入乡村振兴服务后，我又多次随科研后勤调研团、民主人士服务团深入剑河县调研，此时给我留下深刻印象的是剑河山中的小笋非常多，餐馆里的米炖笋、鲊辣笋深深地吸引了我。再后来，我在黔味味食品公司见到了竹笋原料和菌酱，萌发了开发笋酱食品的想法，恰逢县里征集科技特派员，经过申请，我成功成为第五批县级科技特派员。随着对剑河的深入了解，剑河的生态美食让我大开眼界。

刚刚结束的寻酸发酵之旅，在重庆聚慧食品、四川烹饪杂志和黔菜发展协同创新中心的带领下，来自全国东西南北的餐饮大师们从贵阳、凯里、西江等地抵达剑河，品尝了剑河酸汤鱼宴和剑河迎宾宴后，无不赞赏有加。

酸剑河，无可不酸，真是酸的海洋；鲜剑河，看似原始，实乃极鲜世界。

酸的海洋

剑河的酸实在丰富，有米酸、西红柿酸、糟辣酸、鲊辣酸、菜酸，也有酸汤、酸酱、素酸、荤酸，等等。菜肴上得餐桌后，

需要你擦亮眼睛，打开味蕾，眼观色艳，鼻嗅异香，动手夹一小筷，张嘴抿小一口，沁人心脾。抑或舀一勺汤，晃动闻香，再入口品尝，浓郁的发酵风味挑逗着你的味蕾，也挑战着你对美食的认知。也许就这一口，便会让你一生难忘。

我们先来说说剑河酸汤鱼，依山傍水居住的先民，在交通不发达且缺盐的时代，创造了浓烈的米酸和西红柿酸，还有后来的糟辣酸，他们一股脑儿地放入锅中，与鱼同煮。再用火烧的干辣椒、青辣椒、新鲜鱼香菜、辣柳等香料和锅中原汤调制蘸水。浓烈的味道中不失稻花鱼原本的肉香，又混杂有山野与田园的原汁原味，再配上辣椒、仔姜、大蒜、蒜薹等腌制小菜……这样的美味在前，米饭都是要多吃几碗的。

再说腌鱼，水田里长大的鲤鱼，连肉都沁透着稻花香，肉嫩，鳞也细，刨开鱼腹，填以糯米、辣椒、香料与甜酒，封坛发酵。腌成后，鱼肉已微微发红，沁透了植物香料的味道，生煎炒煮、烘烤油炸，咸、麻、辛、辣、酸、甜，种种味道汇在一起，实在开胃！

最后说说侗家腌鸭酱，将土鸭治净，切成小块，用盐腌制后，将黄豆、糯米酒放入坛中，压实，再用盐水与糯米饭封口，腌上一月就能取出炒香，再放一点青蒜花，色艳味美。

极鲜世界

剑河素有“八山一水一分田”之说，高森林覆盖率的山中土地肥沃，剩产山野之味；江河边上的地方，渔业资源丰富。

取新鲜的原料，用简便的烹饪方法煮、蒸、炒、烧，就能制出鲜味至极的美食。如今的剑河餐饮人，努力传承剑河民间菜的风味，用青辣椒或干辣椒，简单煸炒新鲜的荤素原料，着少量的盐，就可以上桌。新鲜食材的原香，丰富调料的清香，搭配着一桌或多或少的酸食，那种味道，简直不能用语言形容！

去剑河吧，感受这极鲜世界。

探寻镇远美食

在人们对美食越来越求新求异的时候，往往会到少民族地区追寻原生态美味。于是我和几个朋友邀约，一同前往镇远打探那里的美食。

为了吃而结伴，真是别有一番情趣。虽然我们都不是第一次到镇远，但我们还是在不停讨论，镇远到底有什么美食值得大家学习借鉴，又有什么值得旅游者购买的特产呢？

到了镇远，我们在古街中段镇远土菜馆吃了简单的午餐，品尝了当地有名的红酸汤阳鱼和猪蹄豆花锅，不同寻常之处便是两个火锅里都加入了当地特产——陈年道菜。

镇远陈年道菜已有500多年的生产历史，相传最初由贵州镇远县青龙洞中的道士所创，故称“道菜”。由于此菜储藏越久品质越佳，味道越美，因而又称“陈年道菜”。道菜专门选取当地生产的头大、叶长、苔短的特等青菜作主料，经过选料、搓盐、翻晒、揉搓、剔筋、甑蒸等14道工序，精心加工制成。

加入了陈年道菜的火锅与凯里的酸汤鱼和花溪豆花火锅相比，味道更加醇厚，多年陈窖的道菜格外爽口，别有风味，令人难忘。烫食鲜蔬时，搭配的绿色的手切粉条和筷子条状的暗黄色粑粑，正是绿豆锅巴粉和灰浆粑。唯一的遗憾是去的季节不对，没有尝到新鲜野菜。

青酒集团开办的日月酒店是镇远酒店业的代表，在此可以品尝到镇远的美味佳肴，涵盖镇远民间民族菜，独具地方风味。到了晚餐时间，我们去了位于新城的有口道蔡酒楼。它是镇远最大的一家道菜生产厂家蔡家酱园厂开办的，酒楼以自己酱园厂生产的道菜、腐乳、酱油、醋等调料和当地特产烹制的菜肴为特色，如陈年道菜开胃拼、道菜阳鱼、道菜炒鸡丁、道菜扣肉、道菜蒜香肉、道菜炒河虾、道菜黄瓜、道菜炒汤圆、道菜铁板茄、道菜香酥鸭等，辅以当地的特产杨梅米酒、猕猴桃果酒，很是对味。

酒足饭饱，我们一边观赏古城夜景，一边采购了镇远知名的土特产姜糖、猕猴桃干、猕猴桃果酒、陈年道菜、豆腐乳、酱油、麸醋。第二天早上，带着大包小包的土特产，我们四处寻找可以往火锅里烫食的绿豆锅巴粉和灰浆粑。绿豆锅巴粉与贵阳的

粉面吃法相似，而锅巴粉还可以加甜酒煮食。

不得不提的是路边小巷的油炸粑，这种一元钱能买好几个的油炸粑，是用米浆和烧青椒或油辣椒，在特制的用具里下热油锅中炸制而成，外脆里嫩，香辣鲜爽，回味悠长。

梵天净土黔东菜香

铜仁位于贵州省东北部，界连湘渝，聚居着汉族、土家族、苗族、侗族、仡佬族等29个民族。铜仁有一座山，名梵净山，方圆500多平方千米，是中国第五大佛教名山。又有环穿而过的乌江、锦江等丰富的水资源，形成了得天独厚的自然条件，为生态美食提供了丰富而绿色的原料。梵天净土，蕴藏着黔东饮食文化瑰宝，造就了铜仁百花齐放的精美菜肴。

回顾历史，早期铜仁的土司制度，名义上是中央政府管辖，实际上是土司官独立掌控，政治、经济、文化自成体系。饮食风俗与中原迥别，盛行土司菜、少数民族菜和寺院菜。直到明永乐十一年（1413年）废除思州、思南二宣慰司，建制贵州省，全国各地的官员、军队、商贩、流民，由四面八方来到铜仁，各地的饮食和烹调方法也被带了过来，饮食格局发生了巨大的变化。

明末清初，辣椒传入铜仁，对铜仁菜的发展具有里程碑式的意义。铜仁菜尚酸辣的特点开始定型，并实现了质的飞跃。抗日战争时期，大批铜仁籍官兵奔赴前线，大批中原难民拥入大后方。铜仁菜一边走出家园，一边在嫁接、演变、融合中充实发展。20世纪80年代以后，随着改革开放的不断推进，铜仁的流动人口大幅度增长，各地口味与饮食习惯再次在铜仁聚合，铜仁的饮食文化内涵更加丰富，各式菜品令人目不暇接。

铜仁菜主要以原铜仁府“锦江菜”、思南府“乌江菜”、石阡府“温泉菜”、乌罗府“苗家菜”、思州府“平溪菜”和梵净山寺院菜组成。这些菜选料灵活多样，调味多变，菜式多样，口味清鲜醇浓并重，成品质朴多味，烹法考究善变，成为脍炙人口的经典美味。

黔东菜以崇尚酸辣著称，但用料的准则并非越酸越好、越辣越好，而是强调因人、因时、因地、因料而灵活变通。在五味中求平衡，酸辣中寻柔和，醇厚中品淡雅，变化中找感觉。讲究辣就辣得实在，酸要酸得爽口，香要香得自然，进而形成酸、辣、甜、香、咸的铜仁菜基础五味。铜仁菜的酸味原料以苗家发酵米酸、土家族菜酸和各民族嗜好的酸辣面、泡菜酸为主，也有酸杨梅、番茄酱和酿造麸醋等。辣味有酸辣、香辣、煳辣、糟辣等，刺激口腔黏膜和舌尖味蕾，增加食欲，帮助消化。辣椒有灯笼椒、圆锥椒、长椒、簇生椒、樱桃椒等多个变种，又分为菜椒、干椒和兼用型椒。菜椒微辣，果肉厚，水分多，主要作为鲜菜，也可做泡菜。干椒类主要作为调味品，也可做泡菜。兼用型椒辣味介于菜椒和干椒之间，嫩椒可鲜炒，熟椒制成干辣椒、泡椒。辣椒制品有干辣椒、阴辣椒、油辣椒、糟辣椒、泡辣椒、煳辣椒、糍粑辣椒、刀口辣椒、五香辣椒、辣椒面、辣椒油等。甜味多用红糖、白糖、饴糖、甜酒、蜂蜜、果品等调制。铜仁菜香味包括烟香、酱香、鱼香、脆香等。有的香通过嗅觉来感受，有的通过味觉来感受。东汉王莽说："精盐者，百味之将"，值得一提的铜仁菜咸味是善用腌制的盐菜、霉豆腐等来调制。

铜仁菜强调并运用炒、煮、蒸、烧、炖、扣、熘、炸、煎、爆、煨、焖、煸、炝、烩、酿、腌、拌、熏、卤等方法烹制菜肴。兼容并包，匠心独运，尤其突出猛火快炒、文火慢炖、干煸、油爆、干烧、干蒸、清蒸、粉蒸和火锅、干锅的烹调技法。

丁成厚先生和他的菜谱

如果在铜仁见着一位背着大包、行走敏捷、随意穿行餐厅厨房无人阻拦的老人，嘴上还不停地回应着“小师傅早、小师傅好、小师傅棒”……不用问，那是丁老为大家送技术来了。

丁老就是中国烹饪大师、贵州餐饮文化大师丁成厚。贵州省铜仁市餐饮界对他共同的称呼就是“丁老”。在黔东铜仁市区域内，只要是从事餐饮业的，不管是老板，还是厨师厨工，如果不认识丁老就说明刚刚入行，还不曾见到过这位老人，这位耄耋之年的铜仁餐饮泰斗。丁老八十岁生日时，铜仁餐饮行业朋友欢聚一堂，为丁老庆祝生日。

丁老是我的忘年交，是我自四川烹专毕业后，毅然投身黔菜开发研究工作时结识的朋友之一。

丁老的家房子很大，加上花园足有200平方米。但是丁老的家里除了简单的家具外，基本上没有剩余空间了，因为满屋都整齐地堆放着他的宝贝——烹饪书刊。每次受邀来到他家，一进门闻到那一股纸张和油墨的香味，都会有一种“文化人”的气息感受。在这里，我可以随意地翻看，甚至可以拿到钥匙打开放书的箱子，丁老说，只有我真正看完过他的书。

丁老曾在部队和滇黔铁路建设期间从事司务工作，到后来在商业部门专职饮食服务主管工作，这些经历让他疯狂地爱上烹饪，一辈子只为烹饪而生。他在接管饮食服务工作后，开始着手筹备厨师培训和鉴定，当时几位知名的本地厨师纷纷相助。起初资料严重不足，经请示后，向省内外相关饮食服务部门、行业协会和大中专院校发函索取，获得了诸如天津饮食服务学校、上海市饮食服务公司、中国食品报、贵州省饮食公司、贵阳市遵义路饭店教学餐厅以及万山区汞矿矿业公司等的支持，获得了宝贵的资料。他还利用出差到外地期间，购买了《中国烹饪辞典》《中国烹饪百科全书》等专业工具书。真正有幸的是，迄今为止收集到了三个版本的中国名菜谱，最早的版本是1956年周恩来总理强调“抢救文化资源，抢救烹饪文化”时编写的，可惜只收得6册。大多书籍的发票至今保存完好无损。从某个方面说，这批来自各地书店的发票，见证了丁老的执着与艰辛，更彰显了一代人的梦想和追求。

退休后，丁老受聘酒店厨师，自己也尝试创业。试过之后，

感觉并不是自己想要的生活，于是与杂志社、出版社沟通后，做起了驻站记者和区域发行工作，为厨师和餐厅老板们送知识、送文化，这一干就干了近二十年。不变的是承诺，变化的是当年每个月走遍铜仁全市，随着年纪的增大，变成了每个月一次铜仁市区、每半年一次铜仁市了。丁老最为苦恼的是这些年来，铜仁的书店和报刊亭均找不到烹饪类书刊，一旦自己不送书，厨师们用什么学习？怎么提高烹饪技术？如何才能把时间用在学习上而不浪费在麻将桌上？更加让他苦恼的是谁能接他的班？听得出来，丁老是希望我能去帮助他整理、完善他的《铜仁菜谱》。怪不得丁老打电话邀请我去铜仁，说他琢磨出了新的武陵油茶方子，还说陪我去梵净山红云金顶。

想想看，我能为丁老做些什么？我会努力促成黔菜博物馆、黔菜图书馆落地，时机合适时将丁老保存的资料捐赠给国家。更想做的是，帮丁老圆了他的铜仁菜谱梦，让他亲手将菜谱送到铜仁的每个角落，并为聆听者亲自讲授。

第四篇

沪昆高铁贵昆线

贵昆线贵阳至昆明段2016年12月28日开通，是中国东西向线路里程最长、速度等级最高、经过省份最多的高速铁路。

晓乐人家安顺菜

“中国瀑乡”“中国清真美食之乡”“国家园林城市”“屯堡文化之乡”“蜡染之乡”“西部之秀”安顺，地处长江水系乌江流域和珠江水系北盘江流域的分水岭地带，是典型的喀斯特地貌集中区。

安顺是一个人杰地灵菜好的地方。以黄果树为中心旅游区，方圆百千米范围内，园连园，景靠景，乡村旅游和农家乐兴起的全域旅游，是贵州旅游的一面旗帜。安顺菜历史悠久，是近代黔菜的主要发祥地之一，地处黔中腹地未受周边菜系大规模融合，知名度很高。传说中的《黔味菜谱》手抄本就出自清代安顺黔味名师李兰亭的手笔。时至今日，“玩贵阳，吃安顺”仍是美食家们的共识。

我到过安顺很多次，早先从黄果树路过时，仅对小吃有些了解，后来中国黔菜调查，又去过几次，也一直感觉安顺小吃众多但菜肴不够突出，只有少量的知名美食支撑着。后来陪同《东方美食》杂志、《四川烹饪》杂志前去采风，可能是总接触宾馆和大酒楼原因，一直没有触碰到挑动舌尖的美食。好在2017年的寻味黔菜考察宣传活动时，在贵州省食文化研究会首届秘书长、三线建设时期就前来支援的张乃恒先生推荐和黄晓云大师带领下，走进了"酒香不怕巷子深"的晓乐人家，由于之前联系过，店主罗顺成已经在店里等候，而且和张老是因美食结缘的老熟人，大家都比较随意。罗顺成先生以修心生活经营传统安顺地方菜，深挖屯堡菜和旧州菜，结合市场也创新了诸多时尚安顺黔菜，靓丽的色泽，飘出来的食材香、烹调香让人欲罢不能。细心的罗顺成先生为大家将菜重新加热，影响色彩的菜肴直接换了新的，并且和我们一一讲解菜品的来历和菜品的特色。

山药炖鸡大家都熟知，而且都知道安顺山药品质极好，不过不论家里还是饭店，总会因原料和水的比例失调，导致口味不佳。晓乐人家的山药炖鸡，色泽诱人，白黄相间一点绿，没有过多的所谓滋补料混搭，汤汁浓厚，我甚至怀疑是山药烧鸡，入口滑嫩软糯，食材独有的香味沁人心脾，赶紧舀一勺汤喝下去，细细品味。确实开餐喝碗汤，胃中暖洋洋，吃着山药和土鸡，胃口大开。

鲜嫩的折耳根蘸霉豆腐蘸水，味道独特香浓。罗先生笑眯眯地讲起安顺传统菜中蘸水可是一绝，就这蘸水，霉豆腐是加猪肉

蒸制出来的，香浓扑鼻，也正是有猪油的缘故，蘸水有一点点温度，让这道凉菜反倒不是冰凉的，别有一番风味。接着让大家继续尝试油烧椒阳霍蘸水滚酥小鱼儿，直接将霉豆腐蘸水浇在原料上的旧州阳霍，还有香辣脆皮山药、烘焖山药蛋等精致小菜，个个完美。将这样的家常菜，甚至只能叫作家庭菜，做得美轮美奂，色香味俱佳，是得下多大功夫！聊天中，我感觉罗先生的心态注定了他成功的秘诀，他一直都是乐呵呵的，这大概就是晓乐店名的来历吧，将家庭菜看做到极致，让顾客回归家庭，感受家的温馨。

双堡土鸡渎豆腐

美食是旅游中最重要的元素，一道好菜可以让人流连忘返，一道好菜可以让人重复旅游，一道好菜可以让人记住一辈子。

笔者在台湾赛尚文化出版的中文繁体版《黔之味——大厨带你吃贵州》和青岛出版社出版的《追味儿——跟着大厨游贵州》两本散文随笔集中，收录了前些年旅食安顺留下的《安顺遇奇食》等文章，说起来那时候只是碎片化的品说安顺黔菜，近年有幸组织寻味黔菜考察宣传，再次一天一县走进安顺六县区，算是重新审视和体验了安顺美味。

处在黔中腹地的安顺，同贵阳一道以贵安新区战略，贯穿黔中腹地共谋发展。唯美食安顺独显传统风格，又少于贵阳黔菜融汇全省风味，更没有遵义、毕节、铜仁、黔东南、黔南、黔西

南、六盘水等市州与外省接壤受到外菜系的干扰，因而安顺的美食一直独具黔菜传统风格，淋漓尽致地表现传统黔菜技艺古法工艺烹制高山食材之香，将早期汇聚南北风味之精髓予以传承，食客甚至直呼“时尚贵阳，吃在安顺”。

安顺的小吃百花齐放，百家争鸣，数不尽数，近年随着逛安顺、看瀑布、观溶洞向民俗屯堡、老街旧州的生活体验深进，全域旅游多彩贵州，一道道安顺黔菜走向舞台，深入人心。西秀的晓乐人家，罗顺成先生以修心生活经营安顺传统与时尚黔菜馆，酒香不怕巷子深，为世人称赞；老普定酒楼民间菜汇聚，平坝张小满灰鹅全宴、镇宁羊肉香锅、紫云深山苗菜、布依菜凸显，一幅安顺美食地图正徐徐展开。

情到深处情怀开，邀约三线建设时期支援安顺，后来转战白酒和食品行业的贵州省食文化研究会首届秘书长张乃恒先生、资深黔菜文化人刘黔勋先生、多彩贵州航空食品大厨李凯峰先生等人前往在安顺西秀城区经营的双堡土鸡渎豆腐餐厅一探究竟。虽然我错过了与晚到的刘黔勋、李凯峰二位先生的交谈，但食文化研究者张乃恒先生、关鹏志先生，经营者朱光文、李青夫妇同我从不同角度进行交流，就以菜名作为店名的双堡土鸡渎豆腐进行解读与分享。

汇聚布依族、苗族和汉族而杂居的双堡，历史悠久，交通便利，物产丰富，有得天独厚的宜人气候和山水秀丽的自然环境，以乡村旅游带动“种植业”“养殖业”“粮油加工”“餐饮业”等作为建成全面小康的目标，完美融入贵州大健康、大旅游和特色农产品的大环境中。

餐厅老板青姐，从小好吃，好做菜，对美食的情怀大过经营情结，走出双堡开餐厅做黔菜，追求食材本味和传承家庭烹调精髓，食客盈门，褒奖有加。一度还将双堡美味推广到省会贵阳，至今仍然在继续尝试。

高原万峰石林与小平坝间出产优质跑山土鸡、大米、辣椒、菜油和水井山豆腐、豆腐乳等农特产品，经过数百年的积淀，结合当下食风习俗，形成了全新的烹饪技术。将土鸡爆香锁水，慢炖成熟，取其滑嫩香爽鸡肉，再用菜油、辣椒、豆腐古法烩制成火锅，点缀翠绿葱花，和黄金般蒸鸡油的煨炖土鸡原汤一起上桌，色香味一并呈现，勾人食欲。

喝上一口清香淡雅而不失厚重的土鸡原汤，再夹一块细腻滋香的土鸡慢慢品嚼，化渣脱骨，鲜美入脑爽心。最让人爱不释手的应该是早已融合了鸡肉香、菜油香、辣椒香和古法烹调之香的酸汤豆腐，细腻不烂，爽滑豆香，入口即化。

不同于重庆火锅，品种繁多的贵州火锅之香，重在越煮越香，经过炖制、烩制和慢煮的土鸡渎豆腐，汤浓厚而不糊涂，舀一勺拌饭或者烫食鲜蔬和肉类，定让你筷不离手。

这家朱记双堡土鸡渎豆腐餐厅中，诸如香炒五色糯米饭、油炸粑鸡丁、古法红糖炒粑粑等菜点合璧美肴霉豆腐拌折耳根、霉豆腐蘸水烧鲜笋、牛肉炒小瓜丝、脆哨末炒土豆泥、青椒蘸水酥小鱼儿、脆皮山药等地道安顺家常菜，都是值得一品的。

到安顺商旅，不妨去双堡土鸡渎豆腐餐厅，感受安顺家常菜的味道。

黄果树鲜蹄髈火锅

朋友曾邀我一同前往黔西南考察万峰湖边的大型度假酒店，归途经过黄果树时已是晚上，饥肠辘辘，于是边走边寻门前车多的店家，有个说法是人越多的餐馆，菜品味道就越好、菜品就越新鲜。很快，我们就走进了一家没看清店名的地方，老板不冷不热地问要点什么，我们也懒得说话，只是指了指另一桌上摆着的火锅，得到的回答是鲜蹄髈火锅。路途劳累了两天的我们顿觉新鲜，好像少去了很多疲劳，只感到更饿了。

火锅上得桌来，确实让人感觉新鲜，白开水里放了些煮熟切成大薄片的蹄髈肉以及萝卜片、黄豆芽、青蒜苗、小葱段等，还外带一大筐白菜薹。当然，和断桥煳辣椒一样够味的辣椒蘸水合着苦蒜花、折耳根末，刚舀了一点蹄髈汤进去就飘出了山野味，想必煳辣椒是手搓的，苦蒜、折耳根刚来自田野山间不久……迫不及待地夹住一片肉，合着一片萝卜，在煳辣椒蘸水里搅了一转，递进嘴里，真是找到了美食的感觉。边吃边开始煮食白菜薹，有大块的鲜蹄髈搭配蔬菜，既没有感到清寡，也没有丝毫的油腻感。

这火锅的来历或许就是乡村许多年前就流行着的家庭合合火锅，将白水入锅中放在火炉上，把油渣或者肥肉片、瘦肉片等放进烧开的锅里，再端来一大盆菜地里摘来的鲜蔬菜和山沟里采来的野菜，别有一番风味。

看来，真要是出了门，或远或近，有机会是得去找找当地一些不为人知的美味。黄果树鲜蹄髈火锅，是我此前多次去黄果树未曾品尝的，也是值得知味者去品鉴的。

糯食黔西南

黔西南布依族苗族自治州地处黔、滇、桂三省区的交界处，素有“西南屏障”“滇黔锁钥”之称，居住着布依族、苗族、汉族、瑶族、仡佬族、回族等几十个民族，民风淳朴，饮食文化异彩纷呈。

黔西南的安龙荷花宴、兴仁全牛宴脍炙人口。不过说起最具特色的黔西南民族美食，当属用植物根叶染色的五彩糯食。

黔西南地区层峦叠嶂，河流纵横，兼有桂林山水和云南石林风光之美，且地处盆地，平坎较多，水田阡陌纵横。世代居住在这里的布依族和苗族人，喜欢以糯米饭为主食，并用糯米制作风味小吃。根据《南笼府志》记载，这里明代就出产黄壳和红壳两种糯稻，颗粒饱满，色白脂丰，米质优良。历史上，黔西南各民族绝大部分以糯米为主食，至今仍有一些少数民族以糯米为主粮。《本草拾遗》记载，糯米有“暖脾胃，止虚寒泻痢，缩小便，收自汗，发痘疱”的作用。如今的当地早餐构成中，糯米饭、粉、面被列为“三大样”。在这里，食糯米饭相当于北方人吃包子馒头一样普遍。

贵州糯米饭多为荤食，20世纪40年代初出现的贞丰鸭肉糯米饭比较出名，是在油渣糯饭基础上发展而来。用木甑子大火蒸熟糯米饭，烧热猪油拌匀，夹鸭肉片吃，糯米饭洁白软润，绵软清香，鸭肉皮黄酥脆，肉质细嫩，入嘴满口生香，滋味鲜美，别具一番风味。

再说说鸡肉汤圆。汤圆品种繁多，唯有黔西南兴义的鸡肉汤圆为咸鲜味，实乃一款难得的地方风味特色小吃。

鸡肉汤圆始创于清代末期，经五代人传承，历经百余年历史，成为今天的名吃。其小巧玲珑，形如荔枝，色泽洁白，晶莹光洁，糯米的清香与鸡肉、猪肉、鸡汤、芝麻酱的鲜香融合为独特芳香，又有糍糯、细滑、清爽、油而不腻的特色，其肉馅细嫩、香味扑鼻、汤汁鲜美、诱人食欲，不愧为一绝。

鸡肉汤圆制作上选用上等糯米加水磨成吊浆粉，也可用机器加工湿粉，并用1/3左右的粉烫熟成熟米浆后揉匀做皮，同时选用刚宰杀剔得的鸡肉与新鲜肥瘦猪肉，去筋膜剁细，加鸡汤、精盐、胡椒粉、水淀粉搅打成“糁”状馅料。包制好的汤圆煮熟，食用前先舀一小勺芝麻酱入碗，再将沸腾的鲜鸡汤冲入，边冲边搅，最后用漏勺舀汤圆倒入麻酱鸡汤汁内享用。

最后说安龙三合汤。因以糯米、白芸豆、猪脚三种主料烹制而成，故名三合汤。

安龙盛产糯米，也盛产质地优良、洁白性糯的芸豆，当地常以此制粑作菜肴。三合汤是三种物产组合的美食，还有一段传说呢。据传，明末南明王朝的一位大臣正用午餐，忽接差报上朝，匆忙中用肉汤泡饭赶餐赴朝。退朝后，发觉腹中饥饿，回味午餐之食尚觉味存，于是，嘱咐厨师照此制作，做出的饭食竟美味无比。自此，这位大臣常食三合汤，并增添葱、醋、胡椒粉等改善风味。后来大臣常以此食宴请招待客人，其香糯柔绵，具芸豆的幽香，脆臊和花生酥的焦香，放醋提味不显酸，加辣椒以适应地方口味，汤汁香不减鲜。三合汤很快被仿效而流传开来，成为地方著名风味小吃。如今的三合汤，主料、配料、调料均有改进，是当地人早餐常吃的大众食品。也有用蹄髈（肘子）、排骨和鸡丝替代猪脚的，并加入鸡汤，味道更鲜美。

此外还有褡裢粑、糕类、糍粑、饵块粑、清明粑、米粽、饼食等较为突出的节日庆典和祭祀之食，几乎无一例外地都作为祭神拜祖之物，伴有浓厚的少数民族气息和地方传奇色彩。

古法汗蒸盗汗鸡

众所周知，盗汗鸡是一道贵州名菜，用贵州独有的烹饪器皿盗汗锅制成。

贵州盗汗锅

盗汗锅，又叫“贞丰汽锅”，早期出于滇黔桂交界处的贵州黔西南布依族苗族自治州贞丰县。通过盗汗锅烹制的土鸡、土鸭等食物，肉质鲜嫩，汤汁鲜美，原汁原味，芳香扑鼻，营养不外泄，具有“汤清味爽，营养丰富”的特点。

盗汗锅是烹调盗汗鸡等菜肴所需的特殊器皿。将烹调所用的原料密封于容器中，用文火蒸3~12小时，多次调节火温，随时向“天锅”小盖中加入冷水……这个特殊的器皿为土陶制品，由蒸钵、外套、大盖和顶盖四部分组成。蒸钵形似花钵，装食材用，口沿稍宽，向外反曲，钵口侧周围有3～24个气孔；其外套无底，比蒸钵高约3厘米，周围直径比蒸钵大约3厘米，口侧有对称的两个耳环，蒸钵装入外套内，外套正好顶住蒸钵口沿，两者构成夹壁；大盖上也有对称的两个耳朵，上有如碗形的窝，作盛冷水之用，有的如蒸钵一样，开有6～12个孔，蒸食一些小原料如乳鸽等。蒸制食物时，蒸汽从夹壁内通过气孔进入蒸钵，同时上升遇到顶上加的冷水或者蒸钵盖的冷气，变成蒸馏水滴在食物上形成原汁汤，故名盗汗锅。

据传盗汗锅是三国时期诸葛亮在南征途中所创，采用了很独特的制作工艺。将武山乌骨鸡加入很多名贵药材，整只鸡或改刀的原料放入盗汗锅干蒸，用文火煨炖而成，一揭开锅，满屋香气，人人叫好。肉烂离骨，而且汤味很鲜不腻，常吃还有美容保健的功效。相传乾隆皇帝微服出巡时，闻味尝之，赞不绝口，定为宫廷皇室贡品。盗汗锅与云南气锅有异曲同工之妙，其作用原理接近，结构却完全不同，气锅在锅中间有一个专用输入蒸汽的气柱。盗汗锅则主要是从周边的气孔传进蒸汽，遇到天锅上的冷水或大盖的凉气，自然冷却成蒸馏水。

张智勇与他的盗汗鸡酒楼

在黔西南布依族苗族自治州首府兴义市，有一家2000余平方米的酒楼，名为盗汗鸡酒楼。其创始人、盗汗鸡第四代传承人

张智勇先生出生于中医世家，曾祖父张天银（1855—1948）在清朝咸丰年间结合食疗，针对中医古籍中定论为阴虚之症的“盗汗”，辅以药材自创了一道古法隔水蒸鸡的药膳，民间称此药膳为“济世良药”，并命名为盗汗鸡。此菜营养丰富，易消化，有益五脏、益气养血、补精填髓、健脾胃补虚亏之功效，长期食用更有延年益寿之功效。张志勇的祖母薛树轩（1904—2012）长期坚持制作食用盗汗鸡，享年108岁，2008年在其103岁时获得“长寿之星”称号。受家庭影响且从小嗜好烹饪的张智勇师承于一代宗师、中国黔菜泰斗古德明先生，从业30年，1988年开始经营盗汗鸡酒楼，1992年申请盗汗鸡国家商标，成立了贵州盗汗鸡餐饮管理公司。

盗汗鸡制作方法

将土鸡宰杀，治净，在沸水锅中汆水，取出后放进蒸钵里，再放入党参、大枣、枸杞、姜、葱，将蒸钵套在外套上。将锅放入烧沸水的底锅内，保持底锅沸水一直漫过盗汗锅底部；将大盖盖上，加冰块或者冷水在大盖顶锅里，且在蒸制过程中保持天锅水，蒸4～6小时，锅内蒸馏水淹过鸡，取出姜葱，往汤里调入盐、胡椒粉即可上桌。

盗汗鸡在制作过程中不能闪火，要有专人负责给天锅加冰块或者冷水，保证盗汗锅的底锅内长期有沸水，并淹过盗汗锅底座下面，使其不漏蒸汽，以免造成干锅烧坏锅底，或因底锅水不足造成蒸汽不充分而制作时间延长。

菜品上桌后揭开盖子，一泓清汤上面浮着一只鲜嫩的鸡，不见半点油星，待到服务员用勺子将鸡肉分开再一搅动，金黄的鸡油珠才浮上来，汤汁色泽透亮，如溪中泉水清澈见底。可以先喝汤，再吃鸡，鸡汤鲜美，鸡嫩鲜香。鸡汤味道很正，没有一丝一毫的杂味，因为罐子里最初没有汤汁，汤汁是后来一滴一滴滴进去的蒸馏水。配上泡萝卜、泡辣椒、泡豇豆、泡蒜薹、凉拌折耳根、凉拌莴笋丝等小菜各一小碟，合味爽口。

盗汗鸡利用设计巧妙、独具匠心的民间土制陶罐，选用上等土鸡及多味药材，炖鸡不用水，古法汗蒸“盗汗”成汤，是一道难得的功夫菜。

杠子面，想说爱你不容易

杠子面是贵州饮食中极具特色的品种之一，但由于制作成本高、制作工序复杂、需重体力而产量低等，逐渐被机械化替代。当然，机械在节约时间和降低成本的同时，也失去了其独特的风味。

曾经独霸早中餐市场，如今仍然占据半壁河山的肠旺面，精髓在于用全蛋和面经“压、拉、切”制作出来的具有“滑、脆、鲜、香”的无水面条，以及肠烂、旺嫩、辣香、汤鲜、豆芽嫩脆、脆臊酥脆的风味。

在人们感叹找寻不到当年风味时，贵州黔西南布依族苗族自治州兴义老杠子面坊舒家祖辈根据中国手工面条三大传统技法“压、拉、切”，传承工艺，注册商标，开设连锁店，虽然举步维坚，但不遗余力地保持着传统，追求卓越。

2008年，我作为贵州省中国黔菜文化参展团主要代表，前往上海参加第五届中国（上海）国际餐饮博览会和第九届中国美食节暨第七届国际美食博览会，老杠子面坊自带车辆，从贵州运去做面条老杠子和本地面粉、鸡蛋，现场制作，面条每50克卖到30元，既创造了中国面条的最高价，也展示了贵州民族的传统文化传承。

“墙内开花墙外香”，杠子面虽然在大小美食节亮相展销，如今除了在老杠子面坊所在地兴义市街心花园总店和周边三家分店外，几次扩张到省会、市州和州内县城，但均以失败告终。继承人舒家的弟弟同笔者是四川烹饪高等专科学校的“师兄弟”校友，我们也多次与老师和同学探讨，寻找原因。最近传来消息，舒家蓄势待发，计划再次走出来，让嗜好者不必奔走滇黔桂交界的兴义市就能吃到杠子面。期待着老杠子面坊的成功，也期待着杠子面的世代延续。

已50多岁的舒家继承人说，他是杠子面的第六代继承人，老杠子面坊杠子面百年发展，深得当地民众和游客的喜爱。由于每人每天最多能够制作50斤面，在当地，前一晚通宵达旦精心制作的面条，最晚下午两点就已售完。据资料显示，兴义舒记杠子面曾在1990年贵州省第二届风味小吃评比上，以其“滑、脆、鲜、香”的独特口味荣获大赛一等奖；同年，黔西南布依族苗族州旅游局和兴义市旅游局联合授予杠子面“名优风味小吃”称号，推荐为旅游食品。2003年，经贵州省烹饪协会、贵州省贸易合作厅（今商务厅）认定为“贵州名点风味小吃”。“不品杠子面，枉自到兴义”，是食客对杠子面的最高赞誉。

杠子面的制作

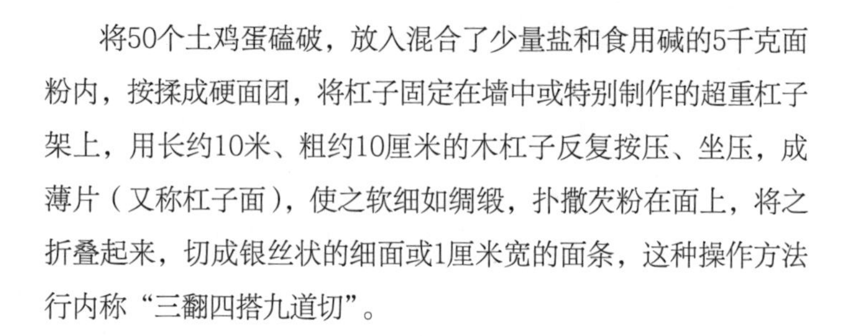

将50个土鸡蛋磕破，放入混合了少量盐和食用碱的5千克面粉内，按揉成硬面团，将杠子固定在墙中或特别制作的超重杠子架上，用长约10米、粗约10厘米的木杠子反复按压、坐压，成薄片（又称杠子面），使之软细如绸缎，扑撒芡粉在面上，将之折叠起来，切成银丝状的细面或1厘米宽的面条，这种操作方法行内称“三翻四搭九道切”。

随后将切好的面按一份约85克挽成坨，整齐摆放在瓷盘内，用湿润纱布盖好静置，静置会使碱性散失，行业上叫“跑碱”，在面条煮熟后有脆爽滑口之感。

煮制时，锅内加水烧沸，将面入锅内煮约半分钟，用竹筷捞出，看是否“撑脚”（成熟），如“撑脚”即用竹篓漏勺捞入碗中，加适量鸡汤，加入鸡丝，撒脆臊，淋酱油、红油，放葱花即成。

手撕豆腐

山地多美食，金州好味道

如果要给自己找一个身心愉悦的去处，请来黔西南。来到风景如画、民风淳朴的黔西南，你便不再为凡事苦恼。

黔西南布依族苗族自治州位于贵州省西南部，东与黔南州罗甸县接壤；南与广西隆林、田林、乐业三县隔江相望；西与云南省富源、罗平县和六盘水市的盘县特区毗邻，是典型的低纬度高海拔山区。人居环境优美，气候资源得天独厚，冬无严寒，夏无酷暑，空气清新，气候宜人，民族众多，风情独特。

各民族的音乐、舞蹈、节日、风俗、民居、服饰等独具魅力。布依族音乐“八音坐唱”有“声音活化石”“天籁之音”之称，享誉海内外；彝族舞蹈“阿妹戚托”质朴、纯真、自然，被称为“东方踢踏舞”。布依族的“三月三”“六月六”“查白歌节”，苗族的“八月八”等民族节日，多姿多彩，让人流连忘返。

“一山分四季，十里不同风”，纵横交错的南北盘江、红水河和人工万峰等山水资源，孕育着丰富的生态食材，滋养着世世代代生活在这片神奇土地上的布依族、苗族、彝族、回族、汉族等几十个民族以及和谐聚居的300多万人民。名不见经传的黔西南山地美食，已拥有“中国饭店业绿色食材采购基地”“中国糯食之乡”“中国薏仁米之乡”“中国羊肉粉之乡”“中国牛肉粉之乡”“中国三碗粉美食之乡”“中国辣子鸡美食小镇”等称号和荣誉。

在经历了黔西南州首届烹饪大赛、黔南州首届美食节、黔西南州百年美食争霸赛和寻味黔菜黔西南行七县一市八日行等活动后，我对黔西南美食有了深深的眷恋和浓厚的感情，非常乐意参与黔西南州政协组织的大美黔菜县级评选活动。传统的兴义羊肉粉、刷把头、杠子面、鸡肉汤圆、董氏粽粑，兴仁的牛肉粉、薏仁米菜肴；贞丰的糯食、保家全牛；安龙的饵块粑、荷花宴；册亨、望谟的五色糯米饭、褡裢粑、虾巴虫、酸笋鱼；普安的林场古茶煎鸡蛋、苗家天麻炖鸡；晴隆的辣子鸡、八大碗仍然经典传承，回味无穷。创新的御景宴府石斛狮子头，盗汗鸡酒楼的百年盗汗鸡，盛味黔水渔庄的酸笋鱼火锅，狮子楼和布依第一坊的“上房鸡”“下江鸭”、美容盘江鱼，兴仁的中国薏仁宴，普安的红茶面，贞丰的水晶五彩粽，晴隆羊等，数不尽的精品美馔好味道。

水城烙锅

到水城不吃“烙锅”是一种遗憾，这是到过水城的人的感叹。水城历史悠久，民间文化丰富，饮食文化异彩纷呈。水城姜茶、富硒茶享誉省内外，水城烙锅以其独特的风味，让知味者依依不舍。据统计，水城人月均吃烙锅18次，在这个不大的城市就有全有福、小纳雍、八家寨等大小烙锅店400多家。看似简单的烙锅，却是经历了4次大的变革和若干次的演变才发展成今日的样子。

水城烙锅起源于明末清初，《水城厅志》记载，清康熙三年三月（1664年3月），平西王吴三桂率领云南十镇2.8万兵马，由归集入水城境，镇压水西彝族土司，官兵到达水西后粮草严重不足，便取来屋顶瓦片和腌窖食物的瓷器土坛，架在火上烤烙猎获的荤素野味、野菜、土豆等充饥。不料这无奈之举竟使人们发明了烙锅这款美味。

随着后人的改进，起初使用的不带边的凹状瓦片或瓷坛片，逐渐改制成了带边的中间高两边低的黑砂烙锅，目的在于油脂能留在锅边，且随时可以将它往原料上浇淋，使用的烙食原料也在土豆和野味野菜的基础上增加了当地特产的豆腐和臭豆腐，并开始蘸五香麻辣味碟食用。1953年，水城县人民政府为1950年开始营业的胡声振烙锅店颁发了水城第1号“饮食企业登记证”（相当于现在的营业执照）。

由于时代的变迁，水城烙锅时起时落，改革开放后，烙锅地摊不时出现在水城街头。1986年，胡文伦子承父业，与同行们一起，将凸状黑砂锅制成了平底的带边生铁锅，并在铁炉、煤气炉上使用。1992年后，水城烙锅破天荒地搬进了店堂，并很快形成了烙锅食街，成为水城的一道美食风景线。烙制原料也是无所不有，海鲜禽畜、家野蔬菜等各种荤素原料均进入了锅中。2001年中央电视台《西部采风》栏目评选“水城烙锅”为中国西部特色饮食“西部一绝”，水城烙锅开始走出水城，贵州的安顺、毕节、兴义、遵义、贵阳和云南昆明等地都开始出现它的身影。贵阳有了太慈桥、文昌南路、花果园等夜市烙锅一条街，食客们把原来吃串串香喝小啤酒的习惯转变为吃烙锅喝小啤酒了。

2006年，水城烙锅参加了中国民族民间菜肴华西村美食节、中国西部博览会和中国黔菜美食节并获得殊荣。水城全有福烙锅店发现，烙锅虽然经历了漫长的发展阶段，但还是无法完全跟上现代饮食文明的发展，于是经过研发试制，开发出了第四代的烙锅——电磁烙锅炉，使这款受旅游者青睐且当地老百姓舍弃不了的美食，进入了现代烹饪时代。

走进水城的全有福烙锅店，看到店内挂着的文化界人士题词："小县城小风景小烙锅，大名气大气魄大文化"，我不由得陷入沉思，却被服务员"请戴上围裙"的一声招呼带回现实。再一看，服务员已经开始往30厘米直径的平底烙锅中注入生菜油，并生起了火。服务员将洋芋、豆腐、芹菜、胡萝卜、魔芋、野菌、猪肉、牛杂、鸡杂、鲜鱼、虾、蟹、芫荽、大蒜苗、香葱、菜椒等原料在锅中依次烙熟，当然客人也可以自行烙制各自喜好的食物，再蘸上煳辣椒面、花椒面、精盐、味精、酱油、醋、折耳根配制的蘸水或者五香辣椒面干碟食用。随着烙煎的吱吱作响，发出一股股诱人的香味，围坐在四周的食客争先恐后地将食物放进口中，鲜、香、麻、辣的味道令人陶醉怡然。再辅以水城的姜茶和小吃蒸蒸糕、苦荞饼、荞饭、汤圆，这样一顿丰盛大餐夫复何求？

夜郎枸酱

“夜郎自大”是我们再熟悉不过的一个成语。夜郎国的历史大致起于战国至西汉成帝和平年间，前后约300年。之后古夜郎国以及它的臣民都神秘地消失了。

郎岱镇，很多人在做酱。郎岱酱已经有两千多年的历史了，在汉武帝建元六年，也就是公元前135年，唐蒙奉令出使南越，在南越尝到枸酱，大为惊讶，经多方打听，了解到枸酱是由夜郎沿牂牁江转运到南越去的。当时联想到政治和军事方面的许多问题，于是，唐蒙上书汉武帝，提出通过夜郎以制南越的计划，这也是汉朝关注夜郎的开始。时至今日，郎岱出产的酱还称为夜郎酱。

六枝特区南部的郎岱，土地肥沃，气候温和，雨量充沛，年平均气温14.6℃，无霜期290天，年降雨量为1466.6毫米。郎岱酱（枸酱）其色，如落日晚霞；其香，馥郁清纯飘远；其味，甜咸适宜，口感无弹。“宝鼎神浆出岱城，明清万里入京门，小加一勺调仙味，王帅含津问菜名。”明清时期，曾有此诗赞郎岱酱。长盛不衰的郎岱酱即源于古夜郎枸酱。现在六枝特区郎岱酱业有限公司生产的郎山牌夜郎酱就是传承夜郎先民的制作工艺，采用自然发酵、日晒夜露之传统制作技术，采天地之灵气，集日月之精华，操八道工艺而成，是炒、炸、蒸、烩、凉拌、烧烤的绝佳调味品。

作为调料，郎岱酱的特点是香色俱佳，且是通过纯天然工艺完成制作，全过程不使用任何化工添加物，堪称天然绿色食品。穿行在六枝特区郎岱镇这个几乎家家都会做酱，有3万多人口，制酱作坊100多处，年产100余吨的古老的小街上。端午前后，家家门口都在晒酱，满街飘着酱香。“郎岱酱”历史悠久，呈黄蜡色，醇香可口，独具风味，是家庭及旅行、便餐必备之烹调佐料。

郎岱酱宜于春、夏、秋制作，农历四月下旬和五月上旬是制作的最佳期，光照时间长，雨量少，晒好后存放不易变质。选择优质小麦为原料，加工磨碎为粉，同食盐、井水或山泉水经蒸、捂、晒制酱粑后下酱而成。

第五篇

兰广高铁成贵线

兰广高铁的南端部分成贵高铁线于2019年12月16日开通，线路全长648千米，设24个站点，最高速度为250千米/小时。

黔西北水八碗

风光壮丽的乌蒙山腹地毕节，山海苍莽，连绵起伏，峡深流急，气势磅礴。这里是川、滇、黔三省交界地区，居住着汉族、彝族、苗族、白族、回族等几十个民族，民族文化多姿多彩，民风淳朴。

黔西北是古夜郎国的重要区域之一。源远流长的历史，孕育出了神奇多彩的黔西北饮食文化，形成了辣醇酸鲜、香浓味厚、千姿百味、野趣天然的高原美食，造就了将夜郎菜、水西土司菜、现代民族菜相结合的黔菜精品——宴席“八大碗”。八大碗亦称“水八碗”“流水席”，相传在明洪武年间于军队中形成并流传开来。由于当时长久的战争和迁徙，人们最后只剩下一些坛坛罐罐用来盛食物，炊具非常缺乏，只好依葫芦画瓢，用土法烧制了一些陶制的坛罐和封盖坛口的缸钵，用来烹饪和盛装饭菜，久而久之，就成了“八大碗”。“八大碗”菜肴品种数量为“四盘四碗（各两荤两素）”或“八盘八碗”，开席时，通常是主菜依次上菜，吃完一道再上一道，保持菜肴新鲜且不浪费。食客饮酒品菜，最后吃饭，善饮者可尽兴饮酒，直至宴席结束。

“来客吃饭坐八仙桌，八仙桌边上八人坐，上桌吃必上八大碗”。八大碗即有八道菜，蕴含着“八碗菜，八人吃，人人平安，四面八方，一年四季，万事如意”的美好寓意。黔西北高原的八大碗广泛流传，著名的有威宁水八碗、毕节水八碗、大方八碗席和荤八碗、素八碗、荤素八碗、土八碗、洋八碗、细八大碗、粗八大碗、上八大碗（官府菜或绅士菜）、中八大碗（商贾菜）、下八大碗（田席）等。威宁的婚丧嫁娶、开业升学等宴请，仍然以水八碗为主，菜品四冷四汤碗四行盘，荤素各半搭配，乡土气息突出，民族风味浓郁，口味略偏甜。大方八碗席选料精良，制作精细，曾代表黔菜参加国际美食展，获得金奖。毕节水八碗则是综合了黔西北各民族的民间宴席经典菜。

赫章老猪脚火锅

乌江北源六冲河上游的赫章自新石器时代就有人类生息繁衍，战国时为夜郎国辖地，秦时为汉阳县，现居住着汉族、彝族、苗族、白族、回族、布依族等十几个民族，东邻毕节、纳雍，西连威宁，南接六盘水，北接云南省镇雄、彝良。

赫章是地方优良猪种之一可乐猪的主产地。可乐猪与黔南小香猪齐名，是难得的美味土猪。个头不大、一身皱皮的可乐猪多为放养，吃的是中草药，长的是健美肉，肉味香醇味厚，非一般猪肉可比，用可乐猪熏制的腊肉更是肉中上品。吃过可乐猪，可叹天下无猪矣！可乐猪以善牧养、耐粗饲、适应性强、四肢强健、肌肉发达、肉质优良著称，是地方养殖业的主要饲养品种，也是驰名中外的火腿——云腿（即宣威火腿）的主要原料。

制作老猪脚火锅，要先将老猪脚用火烧至皮起泡，然后用沸水浸泡，用刀刮洗干净，这时老猪脚皮焦黄、微脆，随即用清水浸泡4～6小时，然后冷水下锅，在大火上烧沸，转中小火慢慢煨炖至皮脆肉软熟而不烂时，捞出晾凉，去骨，切成厚片，再放在火锅内，垫上当地特产新鲜青菜叶，铺上肉，灌入原汤，带火上桌，配上煳辣椒蘸水蘸食。要是再配上荞麦饭和苞谷饭，也是一种不同寻常的享受。

当然，这样的美味在黔西北这条美食游线路上的威宁自治县、毕节市等地也能吃到，也许是因为原料的不同，味道有些差异。除了美食之外，在山川秀丽、景色迷人、民族风情浓郁的赫章，还可以游览贵州最高峰。占地千亩的石林与溶洞相连，洞内石钟乳千姿百态，曲径通幽。引人入胜的韭菜坪，每逢民间盛大节日，成千上万的各族群众便来这里举行赛马等活动，大家载歌载舞，欢庆节日。此外，彝族的铃铛舞、敬酒舞、丰收舞、采杜鹃花舞、月琴舞等舞蹈多姿多彩，苗族的芦笙舞场面壮观，民族服饰精美鲜艳。赫章是一个不可多得的民族风情旅游体验地。

久食鐏毕节烧鸡

传承百年老技艺，精养深山好食材。

毕节烧鸡自来享誉黔州，源起盐商陆运时期商贾用餐，一度融入道口烧鸡技法制作，风靡一时，至今仍经久不衰。

一直沿用最为传统技法只卤不炸的毕节韩家，正本清源，推崇健康生态工艺，特意让韩能前往四川烹专学习深造，弄清川盐餐饮和盐商饮食门道，并在四川名餐企的成都老房子餐饮和毕节银鹤酒店、洪山宾馆等任职，对川盐与卤鸡烧鸡进行深入探索和研究，特别是在自营柳河生态园、久食鐏菜馆期间，发展了韩家沉淀数百年的家传卤鸡。韩家与中药名家和烹饪大师不断探索调试，研发的毕节烧鸡深得顾客好评，并一直以久食鐏品牌参加活动，被授予毕节最佳小吃、贵州民族文化小吃、贵州传承风味小吃、中国名菜、中华名小吃等称号。毕节工匠韩能先生也被授予中国伊尹服务明星金奖，曾担任贵州省食文化研究会毕节市民族菜研究中心秘书长。

久食罇，酒食罇，久酒长久食为天，久食久尊是天神，专注人间伙食，深挖传统工艺，精挑好食材，烹制健康生态好美味，久食不忘久食罇。陶渊明辞赋《停云》曰：停云，思亲友也。罇湛新醪，园列初荣，愿言不从，叹息弥襟。罇，从缶从尊，尊亦声。“尊”本义指“推崇好酒”，引申为“受推崇的好酒、名酒”。“缶”指陶质容器。“缶”与“尊”联合起来表示“盛装好酒的坛子”。与久食合璧久食罇，这正是致力于将家族传承工艺毕节烧鸡发扬光大的韩能先生对美食与美酒的理解和态度。

久食罇毕节烧鸡百年配方，选用定点散养的一年土鸡，历经中药名家和烹饪大师十数年分析研究，探索优化数十味药食通用香料，最终定味，精心烹调，鸡香淡然扑鼻，沁心入脾，瞬时精神一振，勾人食欲，入口鲜香适口，浓厚脆爽，细腻化渣，回味悠长。

2018年8月28日，韩能先生将这款家传数百年、潜心研究20年的韩家久食罇烧鸡在老桂花市场腾龙凯悦酒店后门处以毕节门店开门迎宾。旨在为老毕节人和前来毕节的商旅人士提供一款真材实料好味道、健康美味好生态的毕节烧鸡。

毕节油渣的魅力

毕节，黔西北自古以来的政治文化中心。早在20世纪80年代，毕节的康家脆臊面就扬名黔中。如今的毕节，流行着康家脆臊面里必不可少的脆臊。

说到脆臊，得先说说油渣。在毕节，每到冬至后立春前农家都要宰猪，制作腊肉和风肉、油底肉等，保证一年的肉食供应。在猪肚皮部位的五花肉上，有一块厚厚的油脂，当地人称作边油，这边油当天就会被切成小坨，在锅中熬成猪油，装在土坛中，供一年四季炒菜用，而在熬制并滤出猪油后，剩余的就是油渣。大多数人将油渣用来炒菜，既节约，又美味。如今，各地酒楼、餐厅竞相模仿纷纷推出油渣炒莲白等，毕节甚至出现了专业经营油渣火锅的餐馆。再来说说脆臊，其实就是油渣经过再次去油，留下的干肉制品。边油油渣不够时，人们就用猪槽头肉等来制作，具体方法是将猪边油、槽头肉、五花肉去皮洗净，切成丁或块，入锅熬出猪油，再加精盐、甜酒汁翻炒，再次去油，洒水追出余油，最后加酱油、醋，旺火炼炸，将油渣制成色泽金黄、既香又脆的干肉臊。下面我们就来说说如何将油渣和脆臊制作成美味佳肴。

油渣火锅是用猪油炒香当地特产的糍粑辣椒后，再下大块油渣炒香，加鲜汤熬煮，带火上桌的一款火锅，也有单独制作好锅底后配带油渣一同上桌的，食用时可将油渣略煮就食用，也可以让油渣煮至软化，食用起来软糯爽滑不腻人。食用完主料，还可煮食其他荤素食材，其味香辣醇厚，回味悠长。

油渣炒莲白是将莲花白撕或切成大块、蒜苗切成马耳朵形，净锅上火下油，煸炒香干辣椒段，下油渣、莲花白炒熟，下蒜苗，调入精盐炒制而成，其味清香、可口、回甜，油渣软而不腻，莲花白嫩脆鲜香。

脆臊面的制作分面和臊子两部分。面须用面粉和全鸡蛋手工压制而成。臊的制作方法是将猪槽头肉分切成2厘米厚的大片，在肉的一面划上1.5厘米深、1厘米见方的花刀，下入油锅以中火浸炸，炸至双面焦脆时，下入另一口干净的锅中，在锅中烹入甜酒汁，此时大块的油渣随水汽的蒸发，立即散开，再烹些酱油、醋和一点点盐，随着甜酒汁遇热发生变化，一粒一粒的脆臊就形成了。要吃脆臊面时，把鸡蛋面条煮熟，放于调有底味的碗内，

再放上脆臊，撒红红的辣椒面和绿白相间的小葱花，一碗热情似火，红、黄、绿、白相间的面条就算做成了，配上一碗骨头汤，点缀些小豆腐、鸽蛋在里面，也许就是让你难以忘却的美味了。

品味大方豆制品

来过大方的人，也许不知这里曾是大定府驻地，但是一定会知道这里的豆制品有名。

大方县城位于黔西北贵毕路和大纳路的交界处，整个县城坐落在一个斜坡上，颇有特色，不知是历史上为了防御，还是其他原因。这里的水质特别适合豆制品的加工和制作，而居住在这里的汉族、彝族、苗族、回族等民族同胞不仅继承了豆制品的加工工艺，更是将豆制品演绎得淋漓尽致，制作出了让人们意想不到的美味佳品。

走进大方，就好像走进了豆制品博物馆，经营骟鸡点豆腐、母鸡点豆腐、鸡丝豆腐、圆子连渣闹、砂锅豆干鸡的餐馆一家接着一家，他们大多主营单一品种，部分餐馆兼卖糍粑豆干等创新

品种，少数地方可以买到干鲜制品带回家慢慢品味，也可以到专卖店和超市、菜市场购买些礼品形式的豆制品。

无论你是初次来大方还是再次来，你一定要去品尝一款佳肴——骟鸡点豆腐。走进县城，不难找到专营骟鸡点豆腐的餐馆，当然也有招牌不是骟鸡点豆腐的酒店和酒楼也会制作，更有店家将其演绎成母鸡点豆腐、鸡丝豆腐等，除了创新，我想也是为了揽客，毕竟在吃过了骟鸡点豆腐后，肯定会去品一品母鸡点豆腐、鸡丝豆腐等，看看到底不同在哪里。

说到鲜嫩清香的骟鸡点豆腐，得先说说骟鸡，骟鸡就是阉了的未开叫的公鸡。大方人民在生活实践中发现，点制豆腐不仅可以用酸汤卤、胆水卤等，就连鸡肉也能点制豆腐，而且点出的豆腐香鲜细嫩，味美无比。制作时，先将鸡宰杀治净，剔骨去皮，切成5厘米长细丝，鸡皮斩成细粒，葱揉压取汁，姜、蒜剁碎，苦蒜切成3厘米的段，豆豉粑切片；黄豆用40℃温水浸泡12小时，去皮，磨成浆，过滤去渣；豆浆倒入大锅内大火煮沸，撒入鸡丝，改小火，用葱汁点入，凝结后出锅，压榨成型；鸡骨熬汤，净锅上火放油，待油温三成热，放入豆豉粑炸黄，搓压成泥状，放入甜面酱，加辣椒面焙出香味，微火炼出红油，再加入猪肉末、鸡皮粒、盐，放蒜泥翻炒起锅，舀入碗中，放苦椒、味精作为蘸水。将豆腐放入鸡汤煮沸，用蘸水蘸食。母鸡点豆腐和鸡丝豆腐，就是在鸡肉原料和比例上变化而成。

再说说鲜嫩清香的圆子连渣闹，其实就是肉圆菜豆花。菜豆花分粗细两种，一种是豆浆不去渣做成的粗菜豆腐，俗称“连渣闹”。另一种是把磨好的豆浆去渣，放在锅内烧开后，投进一些青菜使其结块，就成了平常在菜市场上购买的菜豆腐。连渣闹既可做主食也可做菜肴，当地用其给老人祝寿或招待贵客。肉圆子连渣闹就是在投青菜时，一并加入肉圆子煮，且做成火锅的一种新吃法。制作方法是将瘦猪肉末加精盐、姜米、水淀粉做成肉圆子，苦蒜切成末，黄豆磨浆煮沸，放入鲜肉圆子，改小火，下新鲜蔬菜，凝结后直接上桌，配精盐、酸辣酱、姜、葱、苦蒜、味精制作的蘸水，也可以使用完主料后当火锅煮食其他荤素食材。

最后说说干香味浓的砂锅豆干鸡。砂锅豆干鸡是在干锅鸡的基础上，加入大方沙坝所产的一种豆干，这种豆干在当地市场上很多，贵阳等地的担担烤豆腐就是用它制作的。其成品不用熏制，呈白色半干品，切成长宽约为3厘米，厚约0.5厘米的片状，煮食鲜嫩爽口，烤食外脆内嫩含汤汁。制作砂锅豆干鸡时，在黑砂锅底放上沙坝豆干，上面放糍粑辣椒干锅鸡，再加些小辣椒和野葱等辅味，带火上桌就行了。食用时待鸡肉吃完，豆干就已经入味了，还可以煮食蔬菜和其他荤素食材。

如你是第一次来大方，一定得尝尝以上豆制品，如果再次来大方，就可尝尝以前没吃过的那些品种并以更专业的角度去品味了。

第六篇

兰广高铁贵广线

兰广高铁的南端部分贵广高速铁路于2014年12月26日开通，线路全长857千米，设23个站点，最高速度为250千米/小时。

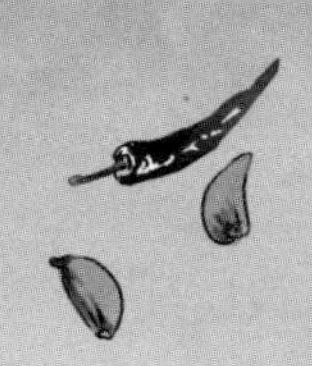

桥城一锅香

剑江是沅江的支流之一，由北向南穿越都匀市区，流程达90多千米。而剑江的主要水源谷江河等9条河流汇于贵州黔南布依族苗族自治州首府都匀市，河上所架桥梁多达百余座，故都匀又称为“高原桥城”。

桥城内不仅有始建于明代万历年间的文峰塔，还有天然的喀斯特园林和融楼台亭阁于一体的百子桥等。这里居住着苗族、布依族、水族、侗族、瑶族、壮族、汉族等民族，民族风情浓郁。如果您旅游至此，在领略秀美山川和民族风情的同时，可不要忘记品品桥城的民族民间菜点。

在一次旅行中，笔者不经意间发现在新桥头铁路桥边有一家“歪菜馆”特别醒目。

进得门，一眼即见大大的木牌上书写的歪菜边卡吊、干煸腊猪脸、三都水族虾酸等10余个菜名。点了一份歪菜边卡吊、干煸腊猪脸和素虾酸后，原以为要等一段时间，结果不多时菜就上齐了。乍一看，这不就是其他地方的全家福、一锅香吗？但细看又不是。满锅看似油腻的猪耳朵、猪脆肠、黄喉、牛毛肚、牛蹄筋和鲜蕨菜、鲜青菜末、芹菜段、蒜苗段以及水发风干萝卜等，配上晾冷的水族虾酸白菜豆芽汤，不仅不油腻，反觉满口生香、回味悠长。这菜不就是贵州民间一锅香的另一种形式吗？记得我还曾经发表过一篇文章，文中谈到水族一锅香是一锅老酸汤中煮食各种荤素食材，且奇就奇在它那煳辣椒面蘸水置于锅中央或锅边；侗族一锅香则是将各种炒菜、烧菜、炖菜等烹制好后合为一锅上火煮食。眼前这又是一款贵州民间一锅香？来自民间的天然绿色原料，不加修饰就展现在食客面前。也许这款来自民间的一锅香不直接叫一锅香而名“边卡吊”，是为了更能体现“歪菜”风格。边者非正料；“卡吊”要么是民族音译，要么是想让更多的游客记住“歪菜”，“卡”你进来，“吊”你胃口。

值得一提的是，出于少数民族同胞的真诚，上菜后当即送来了免费的虾酸汤，见我们只有两人，怕我们吃不完就没有烹调干煸腊猪脸，没想到最后竟送了半份给我们品尝。现在想来，这不正是黔菜味美与黔人淳朴的最佳写照吗？

贵州美食香飘广州

广州的酒店不仅经营地道粤菜，还开设有京、沪、川、苏菜的餐厅和西餐厅，为南来北往的客人提供经营服务。漫步街头，让你目不暇接：川菜、湘菜、鲁菜、清真菜、浙菜、徽菜、泰国菜无处不有。仅环市东路动物园至广东工业大学（仅一站公交的距离），就有川菜、黔菜、湘菜、清真菜、鲁菜、闽菜、皖菜、北方饺子馆、麦当劳以及多家粉馆、面馆、快餐厅，且时时有顾客，就餐高峰期则会有排队现象。据经营黔菜的“黄果树贵州风味酒楼”侯总介绍：“广州生意基本上没淡旺季之分，这种现象在广州大多数地段均如此。”在广州，只要你想吃，甜的、酸的、咸的、辣的，中国的、外国的，应有尽有。

黔菜，即是贵州风味菜。系贵阳、遵义、安顺等地方家常菜结合省内各少数民族菜的地方风味菜系。具有淳朴浓郁、辣香味浓、淡雅醇厚、野趣天然的特点。

黔菜，早已飘香全国名扬海外，在部分大城市都可品尝到凯里酸汤鱼等名吃。早年北京的“端记”“德记”“长美轩”“香满园”“南黔阳”“北黔阳”和近年的北京“贵阳饭店”，上海“黔香阁”，以及广州“大西南”“黔香园贵州人”“黄果树贵州风味酒楼”等，均与外省同业争妍斗艳，各具特色。

黄果树贵州风味酒楼在广州一开始就以“十里不同天，一山不同族”的多元民族文化作背景，原料都取自天然、无污染的贵州当地产品，其制作方法做到了黔菜“辣而不燥”的特点。广州市民和贵州老乡交口称赞。从贵州空运过去的凯里酸汤、青岩豆腐、赤水竹笋、贵阳折耳根、美味米酒不知让多少广州市民倾倒过，多少贵州老乡怀念过。

广州的黔菜在保留原有特色的基础上做了些调整，如同重庆七十二行在贵阳也卖板筋一样。黄果树贵州风味酒楼到广州后，还未经营就购入部分海鲜和广州地产原料，用贵州调料和贵州烹调方法进行尝试，反复研制，最终推出至今还在热卖的铁板飘香鳜鱼、花溪辣蟹、串烧辣鲈鱼等特色菜品。

广州的生活节奏比贵阳要快得多，针对顾客要求快速上菜的需求，除设备等硬件外，还需改进菜肴的制作方法。如一道水煮黄果树腰片，可先调好“水煮汁”，烹调是仅将垫底的莴笋片和腰片汆熟装盘，淋上预调好的汁，再浇上热油即可上桌。酸汤也可以预制，用时装锅烧热即可上桌。

黔菜的配料也不是一成不变的，有时可根据顾客的需要灵活配制，如宾客要求减辣、增酸、加白糖和取消某种原料时，都可照办。比如广州顾客要吃干笋腊肉，会要求少辣回酸有甜，有时客人要吃酸汤鱼，服务员会提醒要红酸还是白酸，要木姜子油吗？需辣否？吃贵州稻田（或河、江、溪、湖泊）鱼还是广州海鱼？碰到有特别要求的，服务员将要求反馈给厨房，厨师们就会根据客人的口味灵活处理。

丝娃娃、恋爱豆腐果、遵义羊肉粉对于贵州人来说并不陌生，但对更多的省外食客来讲，还需要介绍、推荐和引导。广州的黔菜酒楼一般都设有这样的专区，有成品和加工彩图，有专用设施设备，专人加工或辅助客人自行加工。在这样的现场，食客们个个吃得心满意足，犹如亲临美丽而神奇的贵州。

黔菜在广州的热卖，令人欣喜的同时，似乎还给我们一点启示，贵州许多上规模、上档次的特色黔菜酒楼，如赤水情、雅园、刘老四百鸡宴、大仟纳园，是否也可以考虑发挥自身优势，走出贵州，面向全国？让黔菜飘香神州，大放异彩。

黔菜大旗飘鹏城

近年来，行走在深圳的大街上，会不时遇到黔菜酒店和黔菜餐厅充满民族风格的门店。通透明亮的临街玻璃窗、穿着民族服装的服务小姐、朴实整洁的就餐大厅，还有贵州菜系的各式美食——每次有朋友聚会或是请朋友就餐，我会很自然选择黔菜餐厅，来上一盘凯里酸汤鱼、一碗花溪牛肉粉、一碟凉拌折耳根，若是冬天与朋友聚会必定会点火锅，自己享受美味的同时，还会向朋友介绍黔菜的口味和特色。

我在深圳工作多年，或是因为故乡情结，或是因为黔菜本身的独特魅力，吃遍了川、粤、苏、湘、徽等八大菜系的我却偏偏钟情于黔菜，可以说黔菜已经成了我生活的一部分，就像是家乡的父老乡亲或异地的同乡，总之它已成了我难以割舍的“朋友”，几天不吃心里就会挂念。

深圳是很有个性的城市，深圳人也是很有特色的人群，在深圳人诸多的特色中，好吃就是其中之一。与深圳人好吃相伴的，就是深圳人在吃上的挑剔，这使深圳的餐饮业成了“风险极高”的行业，往往是这边在敲锣打鼓地开张，那边在偃旗息鼓地关门，真是“城头变幻大王旗”，几家欢乐几家愁。餐饮业优胜劣汰的市场法则更显残酷，几轮争夺下来，能够独领风骚的屈指可数。一段时间以来，以粤菜、四川、湘菜、潮州菜等为代表的各大菜系凭借着雄厚实力和各派的特色，几乎垄断了深圳的餐饮市场，很难见到贵州特色的餐厅，即使偶尔有一两家，也是路边上的小店，登不了大雅之堂，搞得我们这些异地的贵州人想吃一顿可口美味的家乡菜竟成了奢望。

但如今形势变化了，以黔菜为特色的“贵州人家”出现在深圳八卦岭、“黔灵苑酒店”出现在了深圳最繁华的华强北商业街，“贵阳花溪牛肉粉”连锁店出现在了深圳的大街小巷，黔菜给人们带来了西南特有的民族菜之风，深圳人对黔菜的情有独钟也使贵州菜在深圳餐饮市场激烈的竞争中站稳了脚跟，获得了快速发展。短短的几年时间，黔菜在深圳从凤毛麟角到满城开花，从路边小店到中高档餐厅……在我国改革开放的前沿阵地——深圳——这座年轻而充满活力的城市，上演了黔菜出山的经典话剧。

一个偶然的机会，我在阅读《中国烹饪》这本我国烹饪行业的权威杂志时，读到了关于黔菜出山的介绍，里面谈到黔菜的发展历程、黔菜的文化内涵以及黔菜民族特色和口味特点等，文中提到的黔菜厚积薄发及贵州餐饮界人士振兴黔菜的责任心、使命感，令我对家乡的餐饮同行肃然起敬、刮目相看，使我对黔菜的感情远远超越了餐饮本身，从黔菜身上我看到了一种可贵的、具有贵州人特色的、不愿落后的个性品质和中国人固有的自强不息的民族精神。

黔菜出征的大旗已飘到了深圳，飘到了我国的大江南北，这是黔菜出山为黔人带来的荣誉。我想这荣誉不仅属于黔菜本身，也应该属于大旗所飘到的这座城市，属于奔波于全国各地、世界各地的贵州人！

黔

第七篇

渝贵铁路

渝贵铁路于2018年1月25日开通，线路全长345.4千米，设计速度200千米/小时。北端通过重庆枢纽与渝万高铁、成渝高铁、兰渝铁路等相连，南端通过贵阳枢纽与成贵高铁、贵广高铁、沪昆高铁等相接。

回味遵义米皮

久居深山的贵州人，外出回家乡后一定要吃一碗最钟情的小吃，才会拖着行李回家。我以为，这已经不仅仅是味道了，而是情怀。贵阳人吃到了肠旺面，安顺人吃到了牛肉粉，铜仁人吃到了锅巴粉，遵义人、水城人、兴义人吃到了羊肉粉。

我出生在遵义一个偏远的小山村，自小喜爱烹饪，后来走上职业厨师和为黔菜宣传奋斗的道路。对于吃，我日思夜想的是儿时秋收过后，从晒谷场上端一撮箕名为“油粘米”的谷子和在碾房碾出的新米，放在木盆中稍加浸泡，再用石磨磨成米浆，舀一勺倒在仅用于蒸米皮的白布米筛上，快速翻转，让米浆铺均匀，放进锅中蒸熟，翻拉挂在绳子上晾一下，温度还未降冷就取下，刀切或者剪刀夹成大块，装进碗中，撒几颗毛毛盐，淋上一些酱油和泡酸菜坛里的酸汤，浇上平时就有的带渣红油，丢几颗葱花，迫不及待地抢起碗筷，边搅拌边狼吞虎咽，围着锅，守着米皮，继续来第二碗。

米皮，一种说法是古代中国五胡乱华时期北方民众避居南方而产生的食品。另一说法是秦始皇攻占南方的时候，由于当时北方的士兵吃不惯南方的米饭，所以就用米做成面条的形状，来缓解士兵的思乡之情。

我曾偶遇陕西凉皮和广东肠粉在成都的连锁店，虽然与遵义米皮味道不同，但那种滑爽、清凉、香辣的口感，抑或细腻、滑嫩、原汁原味的感觉，让我忍不住来了第二碗。也就是那时，我发现，对于米皮，好像从来都是要吃两碗的。求学期间，我每次回家，都要在转车途中，吃上两碗，回家还要缠着忙碌的父母做米皮吃，百吃不厌。

回贵州工作后，我也总是跑去米皮店，不过贵阳叫卷粉、安顺叫卷皮、兴义叫剪粉，只有遵义叫米皮，也只有遵义用肉丁、鸡丁作为臊子，更只有遵义才独有红辣椒烫淋的那种红油，偶尔还能吃到加有泡酸菜的酸汤的那种记忆中的味道。除了吃吃吃，我总喜欢把相近的品种拿来比较。2003年我开始做职业黔菜推广，差不多三次走遍贵州9市州88个县，我最关注的仍然是米皮，也最爱吃米皮，也唯有遵义，米皮就是米皮，没有像安顺变化成裹卷、贵阳用来做菜、安龙去申报剪粉之乡那么复杂。

米皮的美味，既可以在遵义，也可以在贵阳，就着肉丁、花生米、榨菜丁、葱花，香辣不燥，回味无穷，可惜分量有点小，但似乎很适合我这种要吃两碗的人。

遵义游客中心兼营饮料的黔厨副食品店的黔厨米皮，是黔厨学校和黔厨餐饮公司打造的适合来遵义的游客品评的遵义特色小吃，滋润红亮，入口滑嫩，香而不辣，鲜美无穷，回味悠长。我个人以为，这样的店应该连锁到景区，让游客们反复品味。丁字口朝阳巷的红油米皮是我每次只能吃一碗的地方，主要是要留着肚子去吃一碗无骨辣鸡米皮和老牌朝阳巷遵义羊肉粉，传说这红油米皮经营了几代，米皮韧劲儿十足，口感略厚，配合着花生、榨菜、肉丁做成的红油辣子，味道很是辣香，冷吃或热吃均可，我每次都会把剩下的辣椒汤汁喝干净，于我而言，这是一种情怀，一种记忆。

还有干休所和妇幼保健院的黄老大辣鸡米皮，品种和口味极多，辣鸡、红烧肉、蹄花、香菇肉丁等可以变换着吃，米皮则类似于闻名遵义的正安蒸米皮，现做现吃，新鲜不刺激。在遵义，即使走错路了，你都可以吃到好吃的米皮。

对了，最后提醒一句，除了米皮专营店的这种米皮，羊肉粉店、牛肉粉店也有一种条状的半干米皮。这种机制半干米皮得选择没有一点黏性的贵朝米制作，与油粘米制作的籼米皮有很大的区别，千万别混淆了。

酸

老外婆的油底肉

我的老外婆谢光英一辈子居住在贵州桐梓县马鬃苗族自治乡那海拔一千七百多米的大娄山上。在我们多次邀请下，外婆终于答应到贵阳城里过春节。老外婆来了后，我这个专学烹饪的外孙被她的油底肉迷住了。我们还没吃完她老人家带来的秘制油底肉以及常年在柴火烟子上熏制的老腊肉，她就开始说不习惯要回去。我曾问妈妈为什么不会做油底肉。妈妈说："那是你老外婆的老外婆传下来的，从来不让别人学，现在只有她一个人会做。"怎么办呢？于是我决定"偷学"，继承她老人家的秘制油底肉做法，免得这么好吃的油底肉失传。

那段时间，我只要一下班就陪着老外婆，想着法子让她老人家开心。我对她说："您做油底肉几十年也没坏过一次，但没人会做，要是您教会妈妈和我就好了。""不教她，我的外婆传给我时就说要隔代传。”外婆说。看她笑眯眯的，我知道有戏了。老外婆继续说：“你小妹还小，又只喜读书不爱做菜，你读大学都读做菜的，做的菜也是我爱吃的，我只教你做，不教你妈做。”然后，老外婆开始向我传授她做油底肉的经验和秘诀。我如获至宝，不停地问这问那。由于是老外婆真传，我最终试制成功了。后来我陪妈妈又去接老外婆，老外婆说要背上她做的油底肉上路，我笑眯眯地说：“只要老腊肉就行了，不要油底肉。”她问：“谁做的，都有哪些人会做了？”妈妈说：“吃过您做的油底肉的人都说好吃，几十年都没跟您学到，现在只有您的外孙会做。”老外婆吃了我做的油底肉后，沉思了半天，对我说：“我也吃了你学来的那么多菜，别人教你做菜，我的菜你也教别人吧。”

于是，征得老外婆的同意后，我将它整理成文，抛砖引玉，为那些积极挖掘民间菜、民族菜和民俗菜的酒店和厨师们提供素材，让更多的人吃上我老外婆的油底肉。

油底肉因装坛后肉沉底而得名，制作方法独特。猪腿肉去皮去骨后切成500克左右的均匀大块，加入精盐、花椒面、煳辣椒面、米酒，低温下在木桶内腌3～5天后取出，用清水洗净，放入筲箕内晾干；猪油烧热，慢慢投入腌好且晾干的肉块，在锅中炸至水分干时，连油一起装入土坛中浸泡，待油冷凝固后加盖密封，一个月后即可开盖取出，拌、炸、炒、炖、煮皆可。切记制作中改刀时，根据一餐食用量或一份菜的量切成自己认为合适的形状。肉腌制3～5天，让味腌透并保存在低温下，以免肉变

质。腌好的肉要洗净表面的精盐、煳辣椒面、花椒面，以免在炸制时沉渣焦煳，影响油质的色和味。洗净的肉要晾干表面水分，以提高炸制速度并避免在炸制过程中猪油爆出烫伤人。炸肉时必须炸透，炸干水分，否则肉浸泡在油中会发霉、变味、变质，放油后也会起泡，时间长了油还会酸败、变色、变味、变质。炸肉时，可用熟菜籽油或精炼油，也可用混合油炸制，取用时更方便、更易取出，但保存时间要短一些。装坛最好选用不透光的密封的土坛，装入坛中的肉必须一个月后才能开坛食用，否则瘦肉部分还是焦脆的，改刀时也易碎，且粗老不香。装坛冷却后须密封好，摆放在干燥通风处并随时注意周边卫生。吃多少取多少，每次取用后均需密封好，可保存1～3年不坏。油底肉既有鲜肉的清香，又有腌肉、腊肉的陈香，软嫩不腻，回味无穷。

红苗马鬃美食印记

我的生命一半是马鬃的，因为妈妈出生和生长在马鬃。

我的胃一半是马鬃的，我的家乡绥阳与马鬃山水相连，庄稼多种于马鬃地界。

我的口味也有一半是马鬃的，外婆的味道、妈妈的味道决定了我人生口味的一大半基本味。我的乡厨外公、舅舅、表哥表弟，三代烹饪师傅，影响、造就和奠定了我将烹饪世家传承下去的梦想。

我的记忆不止一半是关于马鬃的。马鬃苗族自治乡，位于遵义市区西北部、桐梓县城东北部、绥阳县城西北部，是遵义市八个少数民族乡之一，桐梓县的唯一民族乡，平均海拔1350米，我外婆家海拔1500多米。一年近两个月的积雪积冰是我离开家乡后再也享受不了的孩童记忆。我外婆的油底肉和晶莹透亮的老腊肉，在外婆离世后已成为念想。酸香脆爽、回味悠长的反扣坛酸鲊肉，乡宴上香辣软糯、满口流油的坨坨肉，甜酸香醇、入口化渣的撒糖盐菜肉，豆香浓郁、肥而不腻的夹沙肉，香茶悠悠、红润晶莹的混卤杂碎，以及夏季庄稼地里的地黄瓜、土油菜，冬天菜园子里的雪打菜萝卜、霜浸胡萝卜和土埋雪洋芋，数不清的红苗马鬃味道，让我怎能不爱？

18岁离乡求学，工作后就难得回去一趟，陪着年迈的父母回老家看一眼，也是多年来的奢侈。当年我一年好几十天泡在地里耕种劳作的土地，已成了茶山；当年我爬高看远的山堡，已建成了有陆羽塑像的茶圣广场和有蚩尤雕像的祭祀广场；当年我住的木屋草房，已建成苗族吊脚楼与黔北民居相融合的独栋客栈和农家乐。深山里的偏僻人家移民到了苗乡风情街集中居住，纵横交错的柏油路、水泥路和景区环游骑行线与步行栈道，犹如一道道彩带，与蓝蓝的天空和朵朵白云交相辉映。身处其中，好似走进画中，如梦如幻，已经富裕起来的村民兴高采烈地说这里即将建成茶文化与红苗文化相结合的4A级景区。渝黔扩容高速马鬃站正如火如荼地建设，不久后，从重庆和贵阳驾车前往马鬃都在2小时左右，有望渝黔高铁也临边而过。欢迎四面八方的游客到美如画卷的马鬃，去领略红苗人家的万种风情。

曾经在中央电视台满汉全席烹饪大赛上获得第五名的黔厨学

校校长、桐梓人黄永国先生，邀我一同吃住红苗客栈，本计划夜谈《黔菜教学菜》培训教材的编写，但我却花了很长时间讲述我的马鬃美食印记，听得黄校长一会擦嘴巴，一会捂肚子，也不知道这位从事20多年厨师工作的大厨、多年餐饮经营的老板、创办黔厨学校的校长是否也在憧憬马鬃的美食了啊！我不得不收住，赶紧投入工作了。

此时的我，刚从马鬃回来，把从堂姐家拎回来的石磨黑豆花就着土鸡蛋煮面吃了，便急不可耐地记录起来，但还是感觉口水直冒，怎耐腹中满满，实在不能再吃了。

在马鬃的所见所闻，倒让我的思想走了神，开了一个小差。我在想是否可以请桐梓县委县政府，抑或县委宣传部或县政府相关职能部门，会同马鬃苗族自治乡来组织以“红苗马鬃美食印记”为主题的研讨，邀请专家前去开发红苗马鬃的美食文化与经典菜品，通过培训和全方位的规划、策划，让已挂牌三星级旅游酒店的红苗客栈和数十家客栈农家乐提供马鬃苗乡美味的风情苗菜，这正契合了红苗马鬃打造“康养示范基地、生态旅游胜地、红苗文化腹地、古茶体验园地”的主题思想。

以最美自然风光、最美民族风情、最佳红苗美味、最佳民族文化，迎接四面八方的朋友。以美食的名义，暑期来避暑，寒冬来观雪，假期来品菜，有事儿没事儿马鬃来。

天锅酒与土山羊的亲密接触

历史上，“大碗喝酒，大口吃肉”，被认为是英雄气概的表现。如今再论“大碗喝酒，大口吃肉”更多的是一种情怀。

高中时代同在旺草中学求学的学弟王永金，与我同是宽阔镇的小老乡，那时候我们还组织过几次聚会，聊理想，聊发展，聊未来。

一晃二十年过去了，我们都在为自己的理想而奋斗。不久前通过微信群聊，重新又联络上，说起来我们也算是同行了，偶尔聊天时聊的多的都是家乡的美食特产和家乡的变化，以及如今的规划。

宽阔是绥阳县的西北部山区，大多区域海拔超过1000米。

每年夏天，很多人前来宽阔，置身天然大空调，身心愉悦。

在这偏远的高寒山区，自有大碗喝酒、大口吃肉的习俗，早已获得中国名菜的黔北坨坨肉就出在这里。想必多是为了避寒，这里的香辣羊肉、黄焖牛肉也都是大块的，虽然不及坨坨肉那般整齐，但配合土碗的天锅酒，却更是有味。

从小生活在已经成为绥阳旅游代名词的“十二背后”旅游景区边上的王永金先生，就这么看着父辈延续下来的习惯，长盛不衰，且每遇大碗喝酒、大口吃肉时都两眼放光。所以在珠三角工作十余年后，恰逢绥阳大发展，他义无反顾地回乡创业。深思熟虑过后，选择了放养土山羊，闲暇时间做起了小锅的天锅酒。

土山羊是家乡一直保留下来的品种，当地人的说法是山羊“吃的是中草药，喝的是矿泉水，拉的都是‘六味地黄丸’”。山羊的养殖无须饲料，只管每天有人跟着上山不吃别人庄稼即可，无论多大的山和多陡的坡，有草的地方山羊基本都能去，所以这种运动型的纯食草动物肉质细腻紧实，烹饪后要么绵韧，要么软糯，嚼劲十足，细嫩爽口，用本地辣椒焖烧炖煮，香辣味厚，回味悠长。

天锅酒，蒸煮发酵铁高粱、土苞谷制成，用木甑和天锅蒸馏。从木甑边上引流蒸馏后的盗汗酒糟汁液的土酒，是家乡祖祖辈辈流传下来的传统工艺。酒色清亮，酒精度高，入口甘醇，不刮喉，不打头。与技术革新后的酿酒工艺比起来，天锅酒制作工艺繁复、产量极低，且传统手工艺费工费力，所以几近失传，只有少量家庭过年过节时做上一锅，自给自足。

说起这些传统工艺和家乡味道，我与王永金先生都深有同感。如今我总是想起儿时的味道，每每说起或者回乡探亲，都不想离开。美食，是浓浓的乡愁，也是招待外来亲朋和游客的好味道。

王永金先生一头扎进家乡，与土山羊为伴，以天锅酒为伴，以天然健康饮食为乐，以游客可以品尝到地道宽阔味儿为荣。王永金先生说，生态自然之美和健康美食回归，是发展之道，以土山羊和天锅酒的搭配，逐步带动当地其他农特产品一道走出大山，岂不美哉？

菜痴倪克龙传承百年的茅台家乡菜

我在茅台镇认识了一边卖酒一边开茅台镇记忆餐馆的倪克龙先生。满口茅台黔北口音的倪克龙，一说到菜，两眼冒光，神采奕奕。倪先生总喜欢和人聊菜品，说餐饮经营抑或风土人情。印象中，他说的最多的是茅台变迁和茅台镇的繁荣，还有流传于酒楼的茅台家乡菜。

不多久，倪先生打电话来，直入主题，问菜。他为自己理解的百姓菜找寻理论依据和创新之路，其做手工菜、做生态菜、做减法菜的思路和我不谋而合。聊得多了，自然熟络得不得了。

我每次经过茅台，都要过去坐坐，印象较深的是寻味黔菜重庆行、四川行回来时，我专程在茅台下站；在赤水举办第四届职工技能大赛评比时，我带着几位业内精英，一同前往餐厅品评。不久前，在受邀前往习水寻找好井水、参观赤水河乡村振兴陈列馆（华君书屋）回来的路上，我再次前往已连锁到仁怀市区的茅台镇记忆餐厅。

与倪先生取得联系后，他建议我们自行前往、自行点菜，避免老板打招呼后厨师刻意制作，反而品不到真实的味道。随行三人都是黔菜泰斗古德明门生，与倪先生一样“菜痴”的遵义市红花岗区烹饪协会会长，安居井水羊肉馆总经理张建强先生，美食家、著名画家、职教专家杨亚华先生，他们都对茅台镇记忆餐厅的菜品和倪先生对菜品的解读大加赞赏。

茅台镇记忆餐厅里，没有味精、鸡精一类的现代调味品，黄豆老酱油、赤水晒醋这些调味料都是最传统的酿造品，厨师是从乡村来餐厅后，让他们保持烹制家乡菜的味道，苦练刀工和火工，既入世，也出世，为本地食客和外来游客提供了一顿原汁原味的茅台宴。地处百年茅台酒生产核心区赤水河边和仁怀酱酒交易区中心的两家茅台镇记忆餐厅，一直是明档制作，允许食客参与部分烹饪加工。

泡椒河鱼

赤水河鱼类资源丰富，尤其是赤水河与长江交汇处。茅台，自古是川盐进贵州的要道，1915年茅台酒荣获巴拿马金奖后，茅台一举成名，曾经的国酒荣誉和如今的中国酒都，使茅台以至仁怀的餐饮业一直繁荣。泡椒河鱼既具有典型的黔菜风味，也与川南菜肴有些许相似，鲜活鲤鱼宰杀，用酱香白酒和香葱码味，少油双面煎黄后，用大量的泡椒、泡姜、泡蒜烧透，芡汁浓缩，加香葱成菜。色泽浓郁，鱼嫩滋润，滋香浓厚，酸辣爽口。

鲊肉丁炒鲊辣椒

鲊肉、鲊辣椒都是黔北地区人人爱吃的两道菜肴，早期都是在木甑蒸饭时，放在米饭上蒸制成熟，直接食用或者再趁热下锅油炒，加蒜增香。鲊肉和鲊辣椒人人爱吃，家家会做，餐厅酒楼皆有制作。茅台镇记忆餐厅这款酸鲊肉与鲊辣椒合炒确实少见，比起独立制作时酸鲊肉的油腻、鲊辣椒的干香，这道菜反倒滋糯爽口，酸香怡人，回味悠长了。

腊大肠炒冲菜

肥肠味大，多用于熬油和制作腊肠，除去本身的腥腻味，再行烹制菜肴。如今这种美味在茅台镇记忆餐厅重现，与黔北人称为冲菜的青菜苔沸水烫制后，盖在菜板上，加盖捂冷，自然流出汁水，将冲辣脆嫩的冲菜斜切成大颗粒，用干辣椒合炒，腊香、辣香、煳香融为一体，还未上桌即香味迎面扑来，别有一番滋味。

豆腐干回锅肉

与四川接壤的黔北仁怀、赤水、习水一带，炒制回锅肉时，不选五花肉，而选择猪后腿二刀肉，煮八分熟，浸泡水中，炒制时多选用豆瓣酱打底，再由糟辣椒出色出香，不多添加调料。红艳艳的油色，滋润化渣的灯盏窝肉片，细腻油润的豆腐干和飘于菜中的蒜苗，别有一番风味。菜品油而不腻，辣香不燥，制作时将豆腐干快速汆水除去一些豆腥味，炒制时更容易吸取回锅肉的油香，糟辣椒脆嫩回酸，下饭佐酒，回味无穷。

豆渣

过年过节、农忙换工和家有贵客时，家家户户都有石磨豆花。过滤的豆渣下锅炒制，多炒几次后，油润滋香，略带酸味，爽口至极。当然更多时候，是将豆渣上甑蒸几分钟至熟，另锅炝炒小青菜，再下熟豆渣翻炒成菜，豆香浓郁，细腻化渣。

酸辣椒炒老瓜片

家制糟辣椒，加一些姜蒜，少着白酒和盐，装坛密闭后存放不多久，就可以作为开胃小菜、蘸水或者炒菜用了。这种糟辣椒，家庭更喜欢称作酸辣椒，以秋辣椒制作的酸辣椒炒制老南瓜片，酸、辣、甜、脆、嫩、粉，口感融汇，不停地在舌尖上呈现各种口感，时而独立，时而融合，偶有蒜苗的清香，无比爽口。

河水豆花

餐厅现场制作的河水豆花，选取本地老品种小黄豆，专程取来的酿酱香白酒的赤水河老井水，用传统制盐余下的盐卤胆巴自然化水点制的豆花，细嫩豆香，蘸上煳辣椒、油辣椒和姜米、蒜泥、葱花、芫荽和少许盐、老酱油调制的辣椒蘸水，辣香悠长，甚是美味。

疙瘩菜

疙瘩菜，当地人称羊角菜，亦是重庆制作榨菜的原料，在出产季节，要么用于泡制泡菜，要么用盐腌制。冬季阳光下晾晒一两天，拌上干辣椒面、花椒面和适量的盐，既是下饭好菜，也是佐酒佳肴。喝一杯茅台美酒，吃一口疙瘩小菜，何等惬意哦。

一碗坨坨肉

对于出生在大娄山边的我们这一代“七零后”来说，记忆中最为深刻的美食就是那一碗坨坨肉了，无论是田坝人家的米饭，还是高山上的苞谷饭，抑或山腰上的“金裹银”混合饭酒席，围坐在八仙桌边上的男女老少，扒拉着各种菜肴填充或饥或饱的肚子，眼睛不听话地环顾四周，等待着手端“茶盆儿”的大汉，飘然移步桌前，稳打稳扎地抬下一碗大菜——坨坨肉。

聪明的席客碗中必须要留有饭，待席中长者从上席处出手，从红红的汤碗中，眯着眼夹起一块菱形、白里透红、红白相间的大块坨坨肉后，十四只筷子从四面伸来，寻找自己的目标，不出半点差错地夹肉回碗，刨一堆饭盖上，抬碗靠近胸前，低头快速将嘴巴与碗筷用最短时间接触，连饭带肉地按进口腔，赶紧急促地呼气，一股股十足的肉香飞快地从鼻孔和口腔往上蹿，好似直

接进入脑浆一样在脑袋里回荡，随着红彤彤的辣椒面经炒香后加汤烧出来的香辣味，知觉好像就此凝固，但又忍不住赶快咬上一口肉嚼几下。

记忆最深刻之处是吞了那口肉后，瞬时再睁眼，看看碗中是否还能剩下一坨肉。没肉后，碗中那碗红辣椒油汤，也是值得期待的。同样等待长者抬起肉碗往饭碗里倒汤，桌上席客的饭碗第一次全部放在了桌上，排队分坨坨肉汤了，这可是最好的“下饭菜”，尤其是苞谷饭更需要这汤来泡着吃。狼吞虎咽、大喜大悲、饭后喝水都是记忆深处隐藏的这坨坨肉的秘密，要是来一个饱嗝，味道突然地上蹿，瞬间泪流满面，那可是辣中焖油、油中辣喉啊。

记不起从几岁开始有这样的感受，但是这一感受一直延续到十七八岁，这碗坨坨肉将我们这一代送进了大学，送进了社会，各奔前程。

随着生活水平日益提升，从早先的富人家酒席上每人有两坨肉，慢慢地变成家家都有两坨肉。“七零后”的黔北汉子妹子们，纷纷离开家乡寻梦，留在了他乡生活，慢慢地没有了坨坨肉吃。偶有回乡探亲，碰上个婚丧嫁娶，还可捞得几坨肉吃。但这个时候，大多数人发现，越来越难得找到当年的感觉了。

2015年8月，《中国黔菜大典》编撰工作在遵义召开会议，接受遵义电视台采访时，我从总主编角度说了编撰黔菜大典的意义和想法，随后回答了记者提问的遵义特色黔菜。不多久，一个电话打进来，直切主题，说："老同学，我推荐黔北坨坨肉入典可以不?"心中一股暖流，勾起了回忆，感动地说"要得要得，过两天好好商谈，做做功课。"

没几天，见到了二十年未见的高中同学王书泽。老同学见面，没有开场白，直接切入主题，书泽同学说，想念那一碗坨坨肉啊，所以从广东回乡创业了；想念当年那一碗坨坨肉的味道啊，所以做养殖了，做黔北黑猪的保种，坚持生态养殖，要找回坨坨肉的味道。简洁而朴实的几句话，让从事二十年烹饪工作、十余年来坚持黔菜研究与推广工作、执行黔菜大典采编的我感到一股新的力量，推进黔菜发展，更要推进健康饮食。

与书泽同学和编辑部同事去家乡绥阳，我自然是给同事们当起了向导。诗乡绥阳又是黔北粮仓、辣椒之乡、金银花之乡、空心面之乡、酸鲊之乡，涉及猪肉的知名菜点则是烘肉粉、大肉粉、肉丁豆花面、酸鲊肉、笼笼鲊、阴苞谷炖腊猪脚等，当然最著名的还是民间的坨坨肉。

来到书泽家所在的青杠塘，也是我老家的隔壁，见到书泽同学在家门口建起来的一排排现代化猪舍和配套设施，为家乡有这么好的条件感到震撼。走进舍内见到清一色的黔北黑猪，好像一下子回到了儿时，与猪牛隔墙而居的年代，好似置身于当年的环

境中，闻到了坨坨肉的香气……

厚道的书泽同学说他同我一样，时时回味当年的一景一物，仿佛置身于烧制坨坨肉的灶台边，抑或坐在了八仙桌旁，正期待着手中的筷子，随时伸进酒席中央那碗满口流油、肥而不腻、香糯辣爽的坨坨肉。当年只是为吃而吃，今天回味起来，才真正理解坨坨肉之味是那么神秘……

原来这才是书泽同学回乡创业做生态养殖的目的，为的就是自己和大家共同思念的，那一碗坨坨肉的味道。

重庆贵佐品黔菜

作为贵州人，我无论去到哪里，总喜欢起个早探一探周边的菜市场，了解食材行情，受邀与三五好友品品地方风味，最后我再邀上嗜好黔菜的好友，吃一顿当地最好的黔菜，才不会留下遗憾。

我曾应邀参加重庆商务职业学院举办的渝菜产业发展研讨会暨烹饪专业办学十周年毕业创作展，相约与《重庆江湖菜》著者陈小林、《四川江湖菜》参编者、四川烹饪总编辑田道华，前去探望退休在家的《川菜烹饪事典》编辑出版者，重庆出版社责任编辑张镇海老师。在得知贵州籍舞蹈音乐艺术家开设的贵佐酸汤鱼正好在附近后，随即邀请重庆大学出版社编辑沈静女士和前来重庆采访的《四川烹饪》付丽娟编辑一道，步行前往品尝在杨家坪西城天街4楼的贵佐酸汤鱼。

贵佐酸汤鱼创始近五年来，两位不是厨师的创始人一直在黔东南、黔西南深入学习，并和各区市厨部大师交流，终于呈现出了他想传递的贵州菜风格。店面装修以贵州蜡染蓝为主色调，古朴雅致，简洁明快，民族风情浓郁，有舒适的桌椅和店门口清爽的候坐区，就连餐桌上的餐盘碗碟都是蜡染蓝，创始人自己寻找餐具，指导研发菜品，可算是煞费心机。

三年前，我为《中国黔菜大典》采集出山黔菜，曾品尝过贵佐小吃的丝娃娃、烤脑花、豆腐圆子、酱油炒饭等地道贵州小吃。这次的菜品则又让人眼前一亮，邀请贵州顶级的苗家酸汤大师龙凯江亲自坐镇重庆指导发酵的酸汤和创新民族菜，去年清明我为贵佐连锁店全员开设了黔菜历史演绎与文化传承讲座。这些小锅苗家酸汤鱼和精美贵州菜品，虽是浓郁的深山菜肴，但做得极为精致，完全没有黔地菜肴的“粗暴”。

酸汤鲈鱼

苗家酸汤鱼配上高山流水的民族敬酒，成为贵州餐饮第一品牌。贵佐酸汤鱼以国家职业技能鉴定高级考评员、黔东南州民族烹饪协会技术委员会主任、《苗家酸汤》主编龙凯江亲临重庆指导，采集富含矿物质和维生素的600米深处井水，采用苗家传统工艺，选用贵州深山红土地出产的小糯米48小时封坛发酵白酸汤，茄红素高于普通番茄2倍的野生小番茄（毛辣角）100余天发酵红酸汤，严格按照大师配方精制而成汤。搭配范仲淹、郑板桥、李白、陆游、杜甫写鲈鱼的诗句。虽然没有贵州本地那种翻滚火锅的气势，却是山城小资们的最爱，一碗一碗地喝着红彤彤的酸汤，时不时地夹一片雪白的爽滑无刺鱼片，咬入口中，从井水、红土小糯米、野番茄的发酵物中吸取营养，抑或蘸一点以3：3：4的比例混合的遵义辣椒、花溪辣椒和黄平皱椒，配以木姜子制作的煳辣椒蘸碟，交替回味，酸香鲜美，胃口大开。

毛辣角拌米皮

番茄在贵州，俗称毛辣角，野生小毛辣角是发酵红酸汤的主要食材，更是用石磨磨酱腌制拌制米皮的好调料。选用有机传统稻“油粘米”与熟米饭混合磨浆，浇在白布蒙着的竹制圆筛上，快速翻转均匀，入锅蒸熟，取出翻挂晾杆，晾冷卷起，剪刀剪片或切片装盘的米皮，又叫卷粉、剪粉、卷皮。浇上一勺毛辣椒酱，撒几颗绿白相间的小葱花，味道单纯，酸香鲜美，爽滑细腻，入口即化。除了毛辣角口味，辣味、酸菜味也好吃得很。

香辣魔芋板筋

猪里脊上那一层厚厚的板筋，是贵州人的最爱，也是检验贵州厨师技术最好的食材，宫保板筋、宫保魔芋豆腐也是酱辣味贵州宫保鸡的翻版，贵佐将两个特色宫保菜二合一，为避免大家争议黔川宫保，直接命名香辣魔芋板筋，以糍粑辣椒、甜面酱和寸蒜青炒制，板筋脆嫩不棉韧，自制魔芋爽滑细嫩，香辣入味，酱辣浓郁，是佐酒下饭的好菜。

渣海椒土豆片

选用秋后绛紫色收尾海椒，剁碎与炒至半熟的米粉混匀，再倒扑反扣在土坛中腌制一个月以上的遵义特产鲊海椒渣，蒸熟后，炒制油炸鲜土豆片。红黄绿完美搭配，色艳诱人，腌香浓厚，土豆爽口，味香诱人，下酒好菜，佐饭亦美。

脆哨土豆丁

到过贵州的人都熟悉肠旺面中那一颗颗脆爽的肉丁，贵州人叫作脆哨，用肥膘肉切丁后炼去油脂，加甜酒汁（四川人叫醪糟汁）、酱油、醋等熬煮，既上色，又出脆，易保存。与肯德基选用的威宁土豆切丁油炸后同炒，加一些青红椒颗粒，五彩斑斓，山野香浓，粒粒脆香。

贵州小米鲊

此为深受喜爱的小吃，老人和小朋友尤其喜爱，清热解渴，健脾和胃，香甜软糯，滋润而不油腻，营养价值很高，富含蛋白质、脂肪和多种维生素；产自贵州深山无污染的糯小米浸泡后蒸制而成，甜味小米鲊多以五花肉、甜肠、鲜水果和果脯制作，咸味小米鲊以腊肉、香肠和果仁制作。用现代用具压制成蜂窝煤型，装入小竹笼中加热，竹香怡人，可作主食。

糕粑稀饭

百年传承的甜食糕粑稀饭，以粗米粉蒸制的米糕粑，蒸熟后，倒进用沸水刚刚冲熟透的水晶马蹄芡粉或莲藕芡粉，再加一些瓜子仁、新制熟芝麻粉等香味料，尤其是高山玫瑰糖搅拌进去，入口香醇，甜糯爽口，沁人心脾，花香四溢，回味悠长。

贵佐美食制作精细，以苗族酸汤为特色，将天然无污染的贵州食材和美味献给山城人民。

第八篇

贵南高铁

贵南高铁于 2023 年 6 月底开通，是贵州省首条时速 350 千米的高速铁路，是西部陆海新通道主通道建设重要项目之一。

地球上的绿宝石

荔波，拥有“中国南方喀斯特”世界自然遗产地和“世界人与生物圈保护区”两张世界名片，被誉为“地球绿宝石”，是“全球最美喀斯特”的国家5A级旅游景区。从省会贵阳出发40分钟抵达荔波，快进漫游，“逛吃嗨喝”后，再南行80分钟，就到了广西区府南宁。

荔波集山、林、洞、湖、瀑、险滩、急流于一体，浓缩了贵州山水风光的精华，生态良好，气候宜人，冬无严寒，夏无酷暑，是一个天然氧吧、天然基因库。荔波有国家5A级樟江风景名胜区、4A级瑶山古寨景区、国家级茂兰自然保护区、水春河漂流和9个3A级景区，以及水浦、大土民宿等57个景区。

除了秀丽的自然风光，到荔波后你还会发现另一道风景线——荔波美食，网红打卡地荔波古镇、大小七孔东门梦柳风情小镇，全是风情各异的餐厅和风味独特的美食。

民族味道贵州风

高森林覆盖率成就了优质林下原生态种植、养殖业，闻名遐迩的荔波小黄牛、瑶山鸡、樟江鱼、水蕨菜，养育着勤劳善良的荔波人，也滋润着每年百十万的旅居客商。

在荔波餐饮市场占据份额较大的，早餐有现割牛肉粉，正餐有酸汤鲜牛肉、干锅牛肉，宵夜有烧烤牛肉。最有趣的是，你可以在菜市场买上喜欢的牛肉和新鲜果蔬，在旁边的代加工餐厅炒制，再加上米饭和碗筷，一人几元钱就够了。

瑶山鸡最多的吃法是青椒鸡、白切鸡、石斛炖鸡、菌菇炖鸡，可谓瑶山百味鸡。樟江鱼，从刺身到清蒸、烧煮、火锅，一应俱全，宵夜时来一大锅好好吃豆花樟江鱼，那将是一种特别的体验。无论你走到哪一家本地菜馆，都可以品尝到荔波独有的鲜嫩翠绿的水蕨菜、直接食用或者煎炸炒制的荔波酸肉、豆腐和肉完美融合的梅原酿豆腐……

贵州东南西北的特色美食快速融入荔波，并深耕荔波，绝妙的贵州味道，会让你久久不忘。

中西合璧国际范

民族的就是世界的，身处大山深处的荔波，从车马不便到机场、高速公路、高铁的贯通，交通越来越便利，敏锐的川商、浙商、闽商、粤商……纷纷前来投资，从餐饮、旅游到房地产，已延伸至各行各业，也将各地的风味美食带进荔波，川菜、浙菜、闽菜、粤菜等风味菜肴与当地菜融合，酒店里的八大菜系应有尽有，兰州拉面、陕西肉夹馍、重庆火锅、东北乱炖等风味争相斗艳，既保留着原本滋味，又融入了贵州的影子。慢慢地，源于客商需求和本地人的求新求异，星级酒店甚至独立开发了西式美味与中西结合的国际菜品。

不得不吃的荔波地标菜

来到荔波，早餐必吃现割牛肉粉，午餐必吃黄豆炒、青椒炒、干笋焖、山菌炖的林下瑶山百味鸡，晚餐必吃鲜青椒炒、酸汤煮的放养黄牛肉，宵夜嘛，必得吃樟江豆花鱼。好客的荔波人总会用最好的美食招待贵客，从村落到县城，从农家乐到酒家，几乎家家都有脍炙人口的美食。来都来了，何不去尝尝当地人津津乐道的地标菜呢?

纯朴民族宴

无论在民间厨房还是餐厅，物资匮乏年代的贵州八大碗都已悄然变身，各民族宴席逐渐受到人们的欢迎。

你不妨去尝尝晓荔波的布依宴，烤牛肉、坛子鸡是主菜，搭

配4个冷菜，来一钵山菌土鸭汤，配上干锅马肉、干焖田鱼、香辣小活虾、香辣油渣、梅原酿豆腐、青菜鸭蛋汤，再来两道小吃，就像走进了布依族人家一样。

三力酒店推出的水家宴，以韭菜鱼为主菜，配上辣酸牛肉锅、卤味、火烧皮、鸡煮菜稀饭、白切鸡、蕨菜拌折耳根，搭配两吃酸肉、鲍鱼烧肉、香肠蒸腊肉、盐酸扣肉、荔波血肠、香辣油渣、蒸素瓜豆，再来一个咸蛋炒汤圆，丰盛有味。

三钵四碗家的苗家宴，一锅酸汤鱼在中央，四周围着特色菜牙签牛肉、红油凤爪、凉拌卷粉、糟辣蕨菜、银锅牛腩、酸笋土鸡、盐菜扣肉、乡村腊肉、肉未笋干、农家小豆腐、手抓窝窝头，吃着苗家菜，就着杨梅汤，满满的幸福。

老房子老味道的瑶家宴，瑶山辣子鸡翻滚着，猪肚瑶鸡汤飘着热气，土碗里装的是手撕鸡、卤毛豆、炸蚱蜢、腊味双拼黄糯饭、盐酸扣肉、肉丝炒水蕨菜、红枣蒸南瓜、荷麻渣豆腐、瑶味血肠，仿佛置身于瑶家山寨。

小七孔景区东门的瑶厨，擅长炒制少油、脆嫩香醇的瑶山辣子鸡，还有瑶家秘方养生土鸡汤和荔波众多瑶寨坛子肉、过山瑶牛干巴、青瑶地道牛肉、瑶味糟辣鱼、散养山江鸭、清香螺丝鸭脚煲、瑶人下饭笋丝、坛香石磨豆花、拉片黄花糯米饭、土鸡蛋、小花生等时尚美食，令人耳目一新。

除此之外，还有老房子瑶山鸡全席、黔味三牛布依全牛席和十数家佳荣牛肉馆里的全牛餐，随处可遇的樟江全鱼席、渔家宴。当然了，疱汤馆、鹅肉馆里也有不容错过的美味哦。

与水山洞林媲美的荔波美食

以大小七孔闻名于世、溪河交错、洞林奇特的荔波县，地处黔南布依族苗族自治州边陲，东南与广西壮族自治区的环江县、南丹县毗邻，东北与黔东南苗族侗族自治州的从江县、榕江县接壤，西与独山县相连，北与三都水族自治县交界。这里杂居着布依族、水族、瑶族、苗族、毛南族、汉族等民族，少数民族人口占总人口的90%以上。

除常见蔬果野菜外，当地有水果树种114种，竹类14种，为荔波饮食提供了丰富的原材料。荔波美食具有典型的黔南民族风味酸辣鲜野的风格，除了典型的家常长桌农家欢乐宴，这里的百姓还擅长制作江河溪湖、山间林区的鲜美稀奇之物，诸如布依族的盐酸菜、阴辣椒，水族的鱼包韭菜、鸡煮菜稀饭，毛南族的腌蚯蚓，以及各民族均制作的虾酸、杨梅汤、烤鱼、烤乳猪、血豆腐、水虫稀饭等食物。

相传在远古时代，洪水、疾病、贫困、饥饿的阴云笼罩着水乡大地。水族同胞们面对这突袭的灾难，无所畏惧，想尽各种办法展开顽强斗争，采集了九种当地蔬菜和鱼虾合制成一种良药妙方，治好了许多在病魔中挣扎的水族人民。他们重建家园，水乡很快又恢复了原有的青春活力。可遗憾的是，随着岁月的流逝，药方失传了，为表达对先辈的敬慕和怀念，水乡同胞用韭菜代替九菜，沿袭成今天的韭菜包鱼，并在隆重节日里款待客人，以祝愿大家永远健康；在丧事中作为祭品，以表示对先辈们的怀念。

荔波及周边县市民风淳朴，百姓热情好客，这里的同胞无论远亲近朋，或是非亲非故的陌生人，只要踏入家门，均奉为上宾，常在宾客到家后最先用鸡煮菜稀饭作为招待宾客的垫底饭，亦称迎宾饭。吃完此饭后，才开始安排正餐。

荔波盛产杨梅、冰粉籽等山野之物，勤劳的人们将杨梅腌泡糖蜜成杨梅汤，既可长久保存，又是炎夏解暑良饮；冰粉籽更是奇妙，用纱布包上，在清水中搓揉出浆，用生石灰水或酸汤等物点制后快速凝固成晶莹透亮的结晶体，辅以杨梅汤或蜜玫瑰、红糖水，冰爽解渴，妙不可言，回味无穷。

长顺有什么好吃的

位于省城贵阳南部、黔南布依族苗族自治州州府都匀西部的长顺县，主要居住着布依族、苗族和汉族百姓。在人们印象中，长顺有早熟的蔬菜，而去长顺能吃到什么美食，往往不知其然，笔者也一样。

趁着组织贵州省食文化研究会·黔菜网前往长顺县长寨镇同笋小学捐助黔菜网心黔书屋之机，笔者寻找并品味了长顺县的美食。长顺县虽然离贵阳只有87千米，距都匀178千米，但是饮食风格却完全属于黔南风味，与都匀等地的口味相接近。

在长顺，无论是在餐馆还是家中，人们都常吃干锅火锅，这里的干锅火锅似乎比其他地方的干锅火锅范围广得多，即使不带汤汁的菜都可以单独或者混合倒在火锅里混着吃，一切煮炖烧焖带汤汁的菜肴都可以作为火锅，更有甚者烧一锅白水，加一点油或者油渣、肥瘦肉片与蔬菜，放在火炉上就吃起来了。

笔者一行到达长顺县城，已经过了午饭时间，就安排我们吃了干锅牛肉。其做法简单得不能再简单，就是将牛肉末炒香，放些芹菜碎，带青菜丝、油炸花生米、凉拌萝卜丝上火烧开即成，食用时边吃边加青菜丝烫食。干锅牛肉好似一道炒菜，但这里把它变化成干锅吃，除了热烙牛肉末，还可以烫食配菜——青菜丝，只觉齿间留香，越吃越香。真别说，自有一番风味，一行几位连吃几大碗饭。让我想起了几年前在都匀新桥头吃的一锅香，其主要特色也在于青菜丝的清香和脆嫩，以及略带的那一点点苦味，美味极了。

其实在长顺，美食还多着呢，我们把它留给更多的知味者去发现吧。在贵州，真是“一山有四季，十里不同天，处处是美食”。

惠水的三大名吃

地处黔中高原南部边坡的惠水县位于贵阳市正南面，距贵阳市中心仅50千米，因涟江支流惠水得名。这里居住着汉族、布依族、苗族、回族、壮族、侗族、水族等十几个民族，自然条件优越，资源较多，风景秀丽，交通方便，四季分明，饮食文化异彩纷呈。

乘车经花溪、青岩和惠水县长田工业区的101省道，一路在说说笑笑中就到了县城。惠水有三大美食值得一提——风靡省城的惠水马肉、毛肚火锅和涟江鱼火锅。

惠水马肉

马肉曾是游牧民族经常食用的肉食之一，在我国已有5000多年的食用史。惠水特色菜首推马肉。严寒的冬夜里，食用马肉火锅可使身体暖和，所以马肉菜肴几年前就已经在花溪、贵阳等地流行。而马肉菜肴在“娘家”更是红火得很，制作也很专业，不少贵州食客专程前往品尝。清水马肉、麻辣马肉、干锅马肉是其主要品种。

马肉的吃法简单，制作也不难，其主料多为新鲜马肉，辅以马心、马脑、马筋、马肠、马肚、马白血等马杂，配以糍粑辣椒、大蒜、花椒、豆瓣酱、胡椒、鱼香菜等佐料精心烹制而成。

毛肚火锅

惠水优质牧草种植面积广，肉牛资源丰富。惠水毛肚火锅名扬省内外，是汉族、布依族、苗族等各族群众青睐的一道佳肴。县城惠兴路立青饭馆经营的毛肚火锅更是四季火爆，其采用农家家传做法，工艺简单独特，汤味可口纯正，鲜美开胃且回味悠长，极具地方民族风味。

毛肚火锅制作时，先选用当地的辣椒和姜蒜制作糍粑辣椒，在锅内慢慢用猪油、菜油、牛油混合炒香出色，加入牛肉的原汤后烫食鲜毛肚和各种荤素配菜，辅以黑糯米酒，夏天食后出一身热汗，再回家冲一个热水澡，真可谓是爽身至极。

涟江鱼火锅

魅力无穷的涟江是惠水境内最大的河流，穿城而过。涟江支

流甚多，每一条支流的源头及河道都是景色绝佳的去处。涟江水产丰富，涟江鱼肴无数。县城涟江南路的特色辣水煮鱼以活鲜乌江鱼为主料，以葱、姜、大蒜、花椒、辣椒、胡椒、芝麻、野山椒、香芹、鱼香菜等为辅，以欠粉、鸡蛋清、豆瓣酱、料酒、鸡精、味精为调料，制成后鱼骨、鱼片分离，没有鱼刺，味道麻辣、香糯，麻得可口，辣得开心，食后回味无穷。

惠水还有以涟江狮头鹅作为原料制作的清汤鹅肉，风味独特。此外，县城外环路的正刚豆花鸡特色餐馆等，也值得大家去一尝美味。